国家自然科学基金项目（51808258）资助

井工煤矿注浆技术及其综合应用

吴小忙　等著

中国矿业大学出版社

·徐州·

内 容 提 要

注浆技术是指通过气压、液压或电化学原理把某些能固化的浆液注入各种介质的裂隙或孔隙,使围岩形成一个抗渗性能好、强度较高的整体,以达到堵水和加固围岩或土体的目的。本书首先介绍了注浆技术的基本原理,结合工程实践介绍了不同工况下注浆技术的应用及效果,主要包括立井过平顶山砂岩工作面预注浆,立井壁间及壁后注浆,煤矿井下平、斜井过铁路及表土层多序列管棚注浆,井巷工作面过强含水层预注浆,大断面硐室围岩加固治水注浆,井巷浅部围岩加固与深部组合锚索补强加固注浆,梁北二井综合注浆,立井井筒综合防治水施工工法,复杂地质条件下深井井筒施工过含水层安全关键技术。

本书可供从事注浆工程相关工程技术人员、科研人员及高等院校相关专业的师生参考学习。

图书在版编目(CIP)数据

井工煤矿注浆技术及其综合应用 / 吴小忙等著. —
徐州 :中国矿业大学出版社,2023.12
  ISBN 978 - 7 - 5646 - 6126 - 7

  Ⅰ. ①井… Ⅱ. ①吴… Ⅲ. ①煤矿开采－注浆加固
Ⅳ. ①TD265.4

  中国国家版本馆 CIP 数据核字(2023)第 250386 号

书　　名	井工煤矿注浆技术及其综合应用
著　　者	吴小忙　等
责任编辑	杨　洋
出版发行	中国矿业大学出版社有限责任公司
	(江苏省徐州市解放南路　邮编 221008)
营销热线	(0516)83885370　83884103
出版服务	(0516)83995789　83884920
网　　址	http://www.cumt.com　E-mail:cumtpvip@cumtp.com
印　　刷	苏州古得堡数码印刷有限公司
开　　本	787 mm×1092 mm　1/16　印张 11　字数 281 千字
版次印次	2023 年 12 月第 1 版　2023 年 12 月第 1 次印刷
定　　价	66.00 元

(图书出现印装质量问题,本社负责调换)

《井工煤矿注浆技术及其综合应用》撰写委员会

目　　录

第 1 篇　注浆技术篇

第 2 篇　综合应用篇

第1篇

注浆技术篇

1 绪 论

1.1 注浆定义

注浆法的实质是利用气压、液压或电化学原理,把某些能固化的浆液注入各种介质的裂隙或孔隙,以改善地基的物理力学性质,即注浆法是将具有凝结能力的浆液注入地层或隧道围岩中以填充、渗透、压密等方式挤走土颗粒间或岩石裂隙中的水分,待浆液凝结后,使隧道围岩或土形成一个抗渗性能强、强度较高的整体,以达到堵水加固围岩或土体的目的。

1.2 注浆技术发展概况

据相关文献记载,最早的注浆是法国人查尔斯·贝里格尼(Charles Berigny)于 1802 年首次用冲击泵注入黏土和石灰加固港口砌筑墙。1838 年在英国汤姆逊隧道中开始用水泥浆进行填充注入。后来人们发现普通水泥颗粒的粒径较大,难以注入较细小的裂隙,并且在流速较大的条件下注入地基内的水泥浆容易被冲走,于是人们又投入到溶液态的化学浆液材料的注浆研究。

1884 年,英国霍萨古德(Hosagood)在印度建桥时首次用化学药品固沙。1887 年德国的杰沙尔斯基(Jeziorsky)利用一个钻孔注入浓水玻璃浆液,相邻钻孔注入氯化钙,创造了原始硅化法并获得专利。1909 年,比利时的勒马尔·杜蒙(Lemaire Dumont)在水玻璃中加入稀硫酸,发现了改变水玻璃浆液 pH 值的凝固机理,使用双液单系统的一次压注法并获得专利。1920 年荷兰采矿工程师尤斯顿(E. J. Joosten)首次论证了化学注浆的可靠性,并发明了水玻璃、氯化钙双液双系统二次压注法,于 1926 年获得专利。由于水玻璃在一定程度上克服了水泥类非化学类浆液的缺点,价格比较便宜且无毒,从此欧美各国广泛应用水玻璃浆液注浆。

由于水玻璃浆液在固结强度和耐久性方面难以满足某些工程的需要,因而随着高分子化学材料的发展,20 世纪 50 年代在美国首先推出了黏度接近水、凝结时间可任意调节的丙烯酰胺浆液(AM-9),随后世界各国先后出现木质素尿醛树脂类、酚醛树脂类、呋喃树脂类、丙烯酸盐类、聚氨酯类(日本的 TACSS,苏联的 ⅡⅡY-13H、ⅡⅡTY-304H)、环氧树脂、不饱和聚酯树脂等性能各异的高分子化学注浆材料。

正当高分子化学类浆液较为广泛应用之际,1974 年 10 月日本因福冈县发生了注入丙烯酰胺引起中毒的事故,日本厚生省发布命令,禁用有毒的化学浆液。1978 年美国厂商停止了 AM-9 的生产,同时许多其他国家也效仿日美禁止使用有毒的化学浆液。人们又开始把关注点转向了水泥浆液和水玻璃浆液。

目前水玻璃类浆体(特别是酸性中和水玻璃类、复合型水玻璃类、气液反应型水玻璃类及水玻璃＋水泥类)是所有注浆材料中使用率最高的,其中中国、日本及东亚各国应用较多。

水泥类浆体(普通水泥、超细水泥、湿磨水泥、硅粉、特种水泥)是当前注浆的主要材料。其中超细水泥、湿磨水泥、硅粉是 20 世纪 80 年代之后新开发的细粒水泥浆体材料,主要用于克服普通水泥所具有的颗粒大而不能用于充塞中、细砂层(渗透系数低于 10^{-3} cm/s)和细微的裂隙(宽度小于 0.15 mm)的缺点。这些细粒水泥可以注入 10^{-4} cm/s 的细砂层和 0.1 mm 的裂隙。同时为了满足不同的要求,水泥类浆体中有时也掺加不同的砂、膨润土和石粉等。

注浆的主要目的有以下几点:

(1)防渗:降低岩土渗透性,减少渗流量,提高地层的抗渗能力,降低孔隙水压力;

(2)堵漏:截断渗透水流;

(3)加固:提高岩土的力学强度和变形模量,提高岩土的整体性;

(4)纠偏:使已发生不均匀沉降的建筑物恢复到原位。

注浆技术在土木、水利、交通、采矿等工程领域均发挥着不可替代的重要作用,主要包括建筑物地基基础的加固和沉降防治、坝基不良地质体防渗漏治理和补强加固、地铁及隧道富水区的注浆加固、公路铁路的路基和机场跑道脱空塌陷等病害处理及注浆加固、边坡支护和基坑开挖过程中锚固区的注浆加固、为保证灌注桩的承载力而采用的后注浆以及文物古迹裂隙的修补加固等。

1.3 注浆的分类

注浆法是同地下灾害做斗争中采用较普遍和较有效的方法之一。地层注浆法的实质是以钻机钻孔、注浆泵加压,把某些配制好的并能固化的具有充塞胶结性能的浆液,通过注浆钻孔注入各种不同的岩土层裂隙或洞穴,浆液以充填、渗透等形式驱走岩土裂隙中的水并充填裂隙以实现封堵裂隙、溶洞、空洞,隔绝灾源,从而起到永久性堵水、灭火和岩土加固的作用。

注浆法的分类方法有很多,通常有以下几种:

(1)注浆法按注浆工作与井巷掘砌及地层加固的先后顺序进行分类,可分为预注浆和后注浆。预注浆法是在工程施工前或在工程进行到含水层之前进行注浆,按其施工地点不同,预注浆法又可以分为地面预注浆和工作面预注浆两种。后注浆法是在施工之后所进行的注浆工作,主要是为了减少施工工程的淋水、抗渗和加固,以杜绝外界渗水和加强永久支护所采取的治水措施。

(2)注浆法按浆液的注入形态可以分为渗透注浆、割裂注浆、压密注浆、旋喷注浆和充填注浆等。渗透注浆是将浆液均匀注入岩石裂隙或砂土孔隙,形成近似球状或柱状注浆体。割裂注浆是将浆液注入岩土裂隙,为增大扩散范围,获得较好的堵水效果,可用高压加宽裂隙促进浆液压入。压密注浆被用以压实松散土及砂,常用高压力注入高固体含量的浆液,具有低注入速度的特点。充填注浆主要用以充填并使自然空洞与废矿空间稳定。旋喷注浆采用的是高压水射流切割技术,具有提高地基强度和地基承载力,止水防渗,防止砂土液化和降低土的含水量等功能。

（3）注浆法按注浆目的又可以分为防治水注浆和防渗加固注浆。防治水注浆根据工作时间和工作地点不同,又可以分为截流注浆、突水点注浆以及超前和壁后注浆。按照水压和流速不同又可以分为动水注浆和静水压注浆。防渗加固注浆的工作方式大致与壁后注浆相同,以防止围岩、土渗漏,提高岩、土体的承载能力为目的,通常用于高层建筑基础、水坝防渗、防水构筑物加固以及锚固注浆等。

（4）注浆法按浆液可分为粒状浆液法和化学浆液法两大类。每类浆液按各自的特点和灌注对象不同又可以分为若干种。粒状浆液可分为不稳定粒状浆液,包括水泥（水泥砂浆等,具有结石强度高、材料来源广、价格低、注浆工艺比较简单等特点,是注浆最常用的一种）和稳定粒状浆液（包括黏土浆液和水泥黏土浆液）。化学浆液又可分为无机浆液（主要指硅酸盐类）和有机浆液（主要有环氧树脂类、聚氨酯类、丙烯酰胺类、木质素类及其他有机物类）。化学浆液的特点是可注性好,凝胶时间可根据工程需要进行调节,对某些细微裂隙的处理和有一定流速的漏水地段处理有其特殊的注浆效果。

（5）按浆材的混合方式可分为单液单系统（图 1-1）、双液单系统（图 1-2）、同步注入双液双系统（图 1-3）、交替注入双液双系统四种。单液单系统是指将浆液的各组分按规定配合比放在同一搅拌器中充分搅拌混合均匀后,由注浆泵压入地层。双液单系统法是将两种浆液,通过各自的注浆泵按一定的比例在注浆管口的 Y 形管中混合然后注入地层,为使两种浆液混合均匀,一般在 Y 形管的出口处接一般刷形混合器。同步注入双液双系统是将两种浆液分别通过各自的注浆泵按一定的比例压入埋设在地下土层中的两个注浆管（双层管）,两种浆液在进入地层瞬间混合。交替注入双液双系统是将两种浆液分别通过各自的注浆泵,按一定的比例交替压入岩、土层的注入方法。

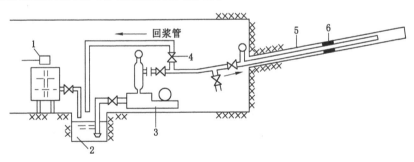

1—搅拌机;2—贮浆罐;3—注浆泵;4—阀门;5—注浆管;6—橡胶止浆塞。
图 1-1　单液单系统图

综上所述,注浆法使用比较经济、安全、可靠,是一种具有巨大潜力和应用广泛的施工方法,几乎适用于所有较复杂的地层岩土工程。

但是向地层注浆是一种隐蔽工程,注进的浆液难以直接观察,因而注浆的效果,往往与人们的技术熟练程度和正确的施工方法关系很大。有许多事例证明,同样的岩土水文地质条件,采用的注浆方法相同,但由于技术熟练程度和施工人员素质的差异,所取得的注浆堵水及加固效果,往往差异极大。因此,选择注浆方法不但要根据当地的自然条件采用合理的技术经济论证和比较,更重要的是要提高人们社会主义建设责任感,加强施工检查与指挥,充分认识注浆是一种隐蔽工程的特点,切忌只为一时进度而忽视注浆质量和效果,以免造成浪费和事故。

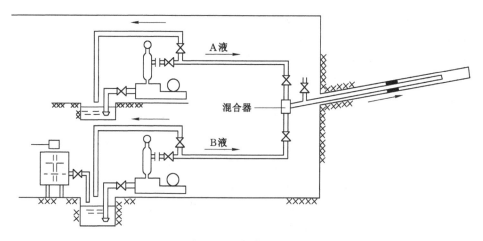

图 1-2 双液单系统图

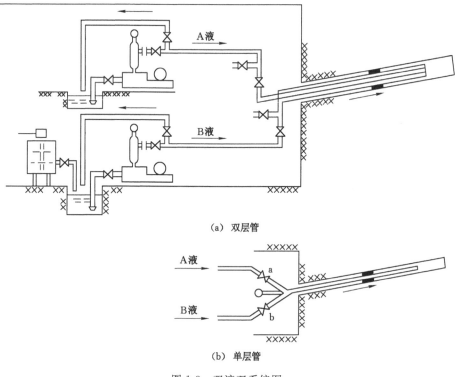

（a）双层管

（b）单层管

图 1-3 双液双系统图

1.4 注浆材料

1.4.1 注浆材料的要求

通常所说的注浆材料是指浆液中的主剂,理想的注浆材料应具备以下条件:

① 浆液的初始黏度低、流动性好、可灌性强,能渗透到细小的缝隙或孔隙内;

② 稳定性好,在常温、常压下能较长时间存放不改变其基本性质,存放受温度影响小;

③ 浆液无毒,无刺激性气味,不污染环境,对人体无害,属非易燃品、非易爆品;

④ 浆液固化时无收缩现象,固化后与岩体、混凝土等之间有一定的黏结力;

⑤ 浆液对注浆设备、管道、混凝土结构物等无腐蚀性,并容易清洗;

⑥ 浆液凝固时间能在几秒至几小时内调节,并能准确控制;

⑦ 浆液配制方便,操作容易掌控;

⑧ 原材料来源丰富,价格便宜,能够大规模使用。

注浆材料根据组成可以分为粒状浆材和化学浆材两大类。

(1)粒状浆材是由固体颗粒和水组成的悬浮液。由于固体颗粒悬浮在液体中,所以这种浆液容易离析和沉淀,沉降稳定性差,结石率低。并且浆液中含固体颗粒,尤其是一部分较粗颗粒,使得浆液难以进入土层细小裂隙和孔隙。这种浆液由于来源丰富、成本较低、工艺设备简单和操作方便等特点,在各类工程中仍广泛使用。粒状浆液主要包括纯水泥浆、黏土水泥浆和水泥砂浆等,这些浆材容易取得,成本低廉,在各类工程中应用最广泛。为了改善粒状浆液的性质,以适应各种自然条件和不同注浆的需要,还常在浆液中掺入各种外加剂。

水泥浆液是粒状浆液的典型代表,其具有结石体强度高和抗渗性强的特点,可用于防渗和加固,而且来源广泛、价格便宜、黏结力强、无毒无污染、运输储存方便、注浆工艺简单。但凝结时间较长且难以控制,在地下水流速度较大的情况下,浆液易受冲刷和稀释,影响注入效果。由于颗粒粒径为 $5\sim85~\mu m$,一般只能灌注岩土的大孔隙或裂隙($0.2\sim0.3~mm$),注入能力有限,在中、细、粉砂层(粒径小于 $11.1~mm$),细裂隙(宽度小于 $0.1~mm$)及渗透系数低于 $10^{-2}~cm/s$ 的地层中注浆非常困难。其具有一定的沉淀析水性,结石率一般都低于 100%,在防渗堵漏等工程中应用受到限制。

为提高水泥浆的可灌性,可采用各种细水泥来提高浆液的注入能力。目前粒径最细的超细水泥加入适当的分散剂后可注入宽度为 $0.05\sim0.09~mm$ 的岩石裂隙,但是超细水泥的高成本限制了其应用范围。为改善水泥浆液的析水性、稳定性、流动性和凝结特性,可掺入适当的外加剂(助剂)进行改性。某些方面的性能也可以通过一定的工艺技术得以改善。

黏土具有高分散性和可灌性。黏土浆虽然不具备较强的黏结性和传递力的作用,但是可以依靠具有触变效应的弱凝胶的形成来起作用。其来源广、造价更低、无毒无污染,因此研究开发黏土水泥浆的综合注浆法具有广阔前景,有可能成为化学浆液的替代品。

在冲积层或岩体裂隙堵漏注浆时,往往采用水泥-水玻璃浆液,该种浆液具有可注性和可控性较好等特点,成本和来源都比纯化学浆液有优势。

(2)化学浆材,即溶液型浆材,通常黏度很低,近似真溶液。化学浆材是将一定的化学材料配制成真溶液,用注浆设备将其灌入地层或缝隙,使其渗透、扩散、胶凝或固化以提高地层强度、降低地层渗透性、防止地层变形和进行混凝土建筑物裂缝修补的一项加固基础、防水堵漏和混凝土缺陷补强技术。

根据注浆的目的和用途,化学注浆材料可以分为两大类:一类是补强固结注浆材料,如环氧树脂类注浆材料、甲基丙烯酸酯类注浆材料;另一类是防渗堵漏注浆材料,如丙烯酰胺类注浆材料、木质素类注浆材料。

与粒状浆材相比,化学浆液不易出现颗粒的离析,且黏度较低,更容易渗透到土体的细小裂隙或孔隙之中,浆液的注入能力较强,可以注入水泥浆不适用的细小缝隙和粉细砂层,因此化学注浆应用范围广,能解决的工程问题多。

由化学浆液所形成的胶凝体渗透系数很低,一般为 $10^{-6} \sim 10^{-8}$ cm/s,或者更小。灌入裂隙中的浆液经化学反应生成聚合体后,在高压水头下也不易被挤出来,所以采用化学浆液注浆,抗渗性能强,防渗效果好。化学注浆生成的胶凝体具有较好的稳定性和耐久性,一般不受稀酸、稀碱或微生物侵蚀等其他外界因素的影响。浆液在胶凝或固化时的收缩率小。固结体的抗压强度和抗拉强度较高,特别是与被灌体有较好的黏结强度。但是化学浆材也存在一些问题,例如除水玻璃外,化学浆液大多数在不同程度上存在着一定的毒性,如果使用不当,容易造成环境污染。化学浆液还存在老化问题,尽管有些化学注浆材料在工程中的应用时间已达十几年,并未发现严重老化问题,但仍需要长期观察和考验。

经过持久的探索与发展,注浆技术在岩土工程中发挥着极其重要的作用,特别是在松散地层加固及地下工程治水防渗等方面的应用极其广泛。水泥单液浆具有成本低、无毒性、施工工艺简单等优点,在很多工程中得到了广泛应用,但是水泥单液浆终凝之后材料表现为"脆性",且结构内部有微裂纹产生,导致水泥单液浆极难应用到存在较大轴向拉应力和弯曲应力的工程中。为了满足不同工程的要求,通常在水泥浆中加入一些外加剂来改善水泥浆的性能,例如水玻璃、粉煤灰、早强剂、缓凝剂、纤维素等,虽然取得了一定的效果,但是基于水泥浆存在结石率低,凝固后体积收缩,水泥硬化体的韧性、可弯曲性、与基体黏结性差等缺点,在实际工程中仍不能获得满意的效果。

目前的注浆材料性能,以硅酸盐水泥为代表的无机注浆材料具有价格低廉的优点,但是其可注性差、早期强度低、与煤的黏结力低,虽然超细水泥注浆材料大幅度改善了材料的可注性,但是仍然难以注入裂隙开度在 20 μm 以下的微裂隙。以聚氨酯为代表的有机注浆材料具有可注性优良、黏结力高的优点,但是其价格昂贵,存在污染地下水、腐蚀人体、自燃等隐患,应用受到极大限制。

1.4.2 注浆材料分类

注浆材料的种类繁多,归结起来分为惰性注浆材料、无机化学注浆材料和有机化学注浆材料三类,其材料分类见表1-1。

表 1-1 注浆材料分类

材料名称		浆液名称	应用范围
惰性注浆材料	黏土类	黏土水泥浆	裂隙性岩土围岩
	粉煤灰类	水泥粉煤灰浆	裂隙性岩土围岩
	砂子类	水、砂子、水泥浆	裂隙、溶洞、断层
	石子类	水、石子、水泥浆	裂隙、断层、巷道充填
无机化学注浆材料	水泥类	水泥浆及复合水泥浆	广大领域
	水玻璃类	水泥-水玻璃双液浆	广大领域
	氯化钙类	水泥浆的外加剂	广大领域
	氯化钠类	水泥浆的外加剂	广大领域

表1-1(续)

材料名称		浆液名称	应用范围
有机化学注浆材料	聚氨酯类	油溶性聚氨酯浆液、水溶性聚氨酯浆液	适用于水泥难注入的细裂隙
	铬木素类	重铬酚钠浆液、过硫酸铵浆液	适用于水泥难注入的细裂隙
	环氧树脂类	环氧树脂浆液	适用于水泥难注入的细裂隙
	脲醛树脂类	脲醛树脂-硫酸浆液	适用于水泥难注入的细裂隙

无机化学注浆材料具有成本低、无毒性、施工工艺简单等优点,在很多工程中得到了广泛应用,但是水泥单液浆终凝之后表现出"脆性",且结构内部有微裂纹产生,导致水泥单液浆极难应用到存在较大轴向拉应力及弯曲应力的工程中。为了满足不同工程的要求,通常在水泥浆中加入一些外加剂来改善水泥浆的性能,例如水玻璃、粉煤灰、早强剂、缓凝剂、纤维素等,虽然取得了一定的效果,但是基于水泥浆存在结石率低,凝固后体积收缩,水泥结石体的韧性、可弯曲性、与基体黏结性差等缺点,在实际工程中仍不能获得满意的效果。

有机化学注浆材料的颗粒粒径小,能够注入细微裂隙,同时浆液与基体有较高的黏结力,但是有机化学注浆材料成本过高,部分有机化学浆液会引起周围地下水资源污染,化学反应过程中产生的大量热量能够引起煤炭自燃,导致煤矿事故发生。

随着化学工业的发展,人们对材料结构与性能关系的认知更加深入。高分子材料的大分子链段的松弛运动,使其呈现较高的柔韧性和黏结性,因此可以将聚合物的这些优点应用到水泥基材料中,从而形成聚合物改性水泥基复合材料。

一般只要能配置成具有流动性和凝胶性的原料都可以作为注浆材料,如水泥、黏土、沥青、水玻璃、硅酸盐、丙烯酰胺、纸浆废液、聚氨酯、各类树脂等。理想浆液应满足以下条件:

(1)浆液是真溶液,而不是悬浊液,以保证初始黏度低、流动性好、可注性强、能渗透到细小的裂隙或孔隙内。

(2)浆液凝胶时间可以在几秒至数小时范围内任意调整,并能准确控制。

(3)浆液稳定性好,在常温、常压下较长时间存放时其基本性质不改变。存放不受温度、湿度的影响。

(4)浆液无毒无臭,不污染环境,对人体无害,属于非易燃品、非易爆品。

(5)浆液对注浆设备、管道、混凝土结构物等无腐蚀性,并容易清洗。

(6)浆液固化时无收缩现象,固化后与岩体、土体、混凝土等之间有一定的黏结力。

(7)结石体具有一定的抗压强度、抗拉强度,抗渗性、抗冲刷及耐老化性能好。

(8)材料来源广泛,价格便宜。

1.4.2.1　水泥

常用的硅酸盐水泥是一种水硬性胶凝材料,即加水拌和形成塑性浆体,能在空气中和水中凝结硬化,保持并继续增长强度。水泥是无机非金属材料中最重要的一种建筑工程材料,被广泛应用于工业与民用建筑及构筑物中。

水泥与一定量的水拌和后发生水化反应形成能黏结砂、石集料的可塑性浆体,之后逐渐变稠失去可塑性形成凝胶体,这个过程称为水泥的"凝结"。此后,伴随着水化的继续深入,水泥浆体的形态发生变化,强度逐渐增长而形成具有相当强度的水泥石,这个过程称为水泥的"硬化"。水泥浆的凝结与硬化是一个连续且复杂的物理化学反应过程。

水泥浆可与被施工注浆的载体,诸如岩体、土体或混凝土体等胶结成整体并形成坚硬石料。水泥基注浆材料是由水泥、集料、外加剂和矿物掺和料等原料按比例计量混合而成的。水泥浆在各种注浆材料中使用最广,多用于对基础、岩石或构筑物的加固及防渗堵漏、堤坝的接缝处理,后张法预应力混凝土的孔道注浆以及制作压浆混凝土等。钢筋连接套筒注浆料是以水泥为基本材料,配细集料以及混凝土外加剂和其他材料组成的干混料,加水搅拌后具有良好的流动性以及早强、高强、微膨胀等性能,是一种填充于套筒和带肋钢筋间隙内的干粉料。

《水泥基灌浆材料应用技术规范》(GB/T 50448—2015)对水泥基注浆材料的使用有如下基本规定:

(1)水泥基灌浆材料可用于地脚螺栓锚固、设备基础或钢结构柱脚底板的灌浆、混凝土结构加固改造及预应力混凝土结构孔道灌浆、插入式柱脚灌浆等。

(2)水泥基灌浆材料应根据强度要求、设备运行环境、注浆层厚度、地脚螺栓表面与孔壁的净间距、施工环境等因素选择;生产厂家应提供水泥基灌浆材料的工作环境温度、施工环境温度及相应的性能指标。

(3)用于预应力孔道的灌浆材料应根据预应力孔道截面形状及大小、孔道的长度和高差等因素选择。

(4)水泥基灌浆材料在施工时应按照产品要求的用水量拌和,不得通过增加用水量来提高流动性。

(5)在水泥基灌浆材料应用过程中,应避免操作人员吸入有害粉尘和造成环境污染。

1.4.2.1.1 硅酸盐水泥的组成

水泥是一种多矿物的聚集体,性能主要取决于熟料质量,优质熟料应具有合适的组成。硅酸盐水泥熟料的组成用化学组成和矿物组成表示。化学组成是指水泥熟料中氧化物的种类和数量,而组成为各氧化物之间经反应所生成的化合物或含有不同异离子的固溶体和少量玻璃体。其主要熟料矿物组成是硅酸三钙、硅酸二钙、铝酸三钙和铁铝酸四钙等,这些熟料矿物决定了硅酸盐水泥的性质,见表1-2和表1-3。

表1-2　硅酸盐水泥熟料的主要成分

成分名称	化学分子式	缩写
硅酸三钙	$3CaO \cdot SiO_2$	C_3S
硅酸二钙	$2CaO \cdot SiO_2$	C_2S
铝酸三钙	$3CaO \cdot Al_2O_3$	C_3A
铁铝酸四钙	$4CaO \cdot Al_2O_3 \cdot Fe_2O_3$	C_4AF
二水石膏	$CaSO_4 \cdot 2H_2O$	CSH_2
无水石膏	$CaSO_4$	CS

表 1-3　硅酸盐水泥熟料的矿物特性

矿物名称	水化速度	水化放热	放热速率	强度	作用
硅酸三钙	快	大	大	高	决定水泥等级
硅酸二钙	慢	小	小	早期低,后期高	决定后期强度
铝酸二钙	最快	最大	最大	低	决定凝结速度
铁铝酸四钙	快	中	中	较高	决定抗拉强度

1.4.2.1.2　水泥基本性能

水泥密度的大小与熟料的矿物组成、混合材料的种类及掺量有关。硅酸盐水泥的密度一般为 3 050 kg/m³,水泥储存时间增加,密度会降低。

水泥的细度是决定水泥性能的重要因素之一。水泥颗粒越小,其比表面积越大,水化反应速度越快,标准强度越高。细度按《水泥细度检验方法 筛析法》(GB/T 1345—2005)进行测定,该标准规定使用水筛法以 80 μm 方孔筛的筛余量为细度指标,注浆工程一般要求筛余量不大于 5%。

水泥的凝结时间对工程施工具有重要意义。国家相关标准规定:凝结时间用凝结时间测定仪(维卡仪)测定。硅酸盐水泥的初凝时间不得短于 45 min,终凝时间不得长于 6.5 h。水泥的国家相关标准规定硅酸盐水泥分为 42.5、42.5R、52.5、52.5R、62.5、62.5R 六个强度等级,普通硅酸盐水泥分为 32.5、32.5R、42.5、42.5R、52.5、52.5R 六个强度等级。水泥强度等级是根据各龄期的抗压强度和抗折强度指标确定的,一般把 3 d、7 d 以前的强度称为早期强度,28 d 及以后的强度称为后期强度。同一水泥采用不同方法测定时所得强度不同。水泥浆的浓度用水灰比 m_w/m_c 表示,m_w 为水的质量,m_c 为水泥的质量。纯水泥浆的基本性能见表 1-4。随着纯水泥浆水灰比的增大,水泥浆的黏度、密度、结石率、抗压强度等明显降低,初凝时间、终凝时间增加。

表 1-4　纯水泥浆的基本性能

水灰比（质量比）	黏度 /(10³ Pa · s)	密度 /(g/cm³)	凝结时间(h:min) 初凝时间	凝结时间(h:min) 终凝时间	结石率 /%	抗压强度/MPa 3 d	抗压强度/MPa 7 d	抗压强度/MPa 14 d	抗压强度/MPa 28 d
0.5 : 1	139	1.86	7:41	12:36	99	4.1	6.5	15.3	22.0
0.75 : 1	33	1.62	10:47	20:36	97	2.4	2.6	5.5	11.3
1 : 1	18	1.49	14:56	24:27	85	2.0	2.4	2.4	8.9
1.5 : 1	17	1.37	16:52	34:47	67	2.0	2.3	1.8	2.3
2 : 1	16	1.30	17:07	48:15	56	1.7	2.6	2.1	2.8

注:表中数据为 P·O 42.5 普通硅酸盐水泥的;测定数据为平均值。

1.4.2.1.3　硅酸盐水泥的凝结与硬化

水泥加水拌和后成为具有可塑性的水泥浆,随着水化反应的进行,水泥浆逐渐变稠失去流动性而具有一定的塑性强度。随着水化进程的推移,水泥浆凝固成具有一定的机械强度并逐渐发展成为坚固的人造石——水泥石。水泥的凝结硬化是一个连续且复杂的物理化学过程,一般按水化反应速率和水泥浆体结构特征分为初始反应期、潜伏期、凝结期和硬化期四个阶段。

（1）初始反应期

水泥与水接触立即发生水化反应，C_3S 水化生成的 $Ca(OH)_2$ 溶于水中，溶液 pH 值迅速增大至 13，当溶液过饱和后，$Ca(OH)_2$ 开始结晶析出，附着在水泥颗粒表面。这个阶段大约持续 10 min，约有 1% 的水泥水化。

（2）潜伏期

在初始反应期之后 1~2 h，在水泥颗粒表面形成由水化硅酸钙溶胶和钙矾石晶体构成的膜层，阻止了与水的接触从而使水化反应速度很慢。这个阶段水化放热量小，水化产物增加不多，水泥浆体仍保持塑性。

（3）凝结期

在潜伏期，水缓慢穿透水泥颗粒表面的包裹膜，与矿物成分发生水化反应，而水化生成物穿透膜层的速度小于水分渗入膜层的速度，形成渗透压，导致水泥颗粒表面膜层破裂，使暴露出来的矿物进一步水化，结束了潜伏期。水泥水化产物体积约为水泥体积的 2.2 倍，生成的大量的水化产物填充在水泥颗粒之间的空间内，水的消耗与水化产物的填充使水泥浆体逐渐变稠失去可塑性而凝结。

（4）硬化期

在凝结期之后进入硬化期，水泥水化反应继续进行使结构更加密实，一般认为之后的水化反应是以固相反应的形式进行的，放热速率逐渐下降，水泥水化反应越来越困难。在适当的温度、湿度条件下水泥的硬化过程可持续若干年。水泥浆体硬化后形成坚硬的水泥石。水泥石是由凝胶体、晶体、未水化水泥颗粒及固体颗粒间的毛细孔组成的不均质结构。在水泥硬化过程中，最初的 3 d 强度增长速度最大，3~7 d 强度增长速度有所下降，7~28 d 强度增长速度进一步下降，28 d 强度已达到最高水平，28 d 之后强度虽然还会继续发展，但是强度增长率却越来越小。

1.4.2.1.4 硅酸盐水泥凝结硬化的影响因素

（1）水泥矿物组成

水泥的矿物组成是影响水泥凝结硬化的最主要因素。如前所达，不同矿物成分单独和水起反应时所表现出来的特点是不同的。如水泥中提高 C_3A 的含量，将使水泥的凝结硬化加快，水化热也大。一般来讲，若在水泥熟料中掺加混合材料，将使水泥的抗侵蚀性提高，水化热降低，早期强度降低。

（2）石膏掺量

石膏称为水泥的调凝剂，主要用于调节水泥的凝结时间，是水泥中不可缺少的组分。水泥熟料在不加入石膏的情况下与水拌和会立即凝结，同时放出热量。其主要原因是熟料中的 C_3A 很快溶于水生成一种铝酸钙水化物，发生闪凝，使水泥不能正常使用。石膏起缓凝作用的机理：水泥水化时，石膏很快与 C_3A 发生作用产生很难溶于水的水化硫铝酸钙（钙矾石），沉淀在水泥颗粒表面形成保护膜，从而阻滞了 C_3A 的水化反应并延缓了水泥的凝结时间。

石膏的掺量太少，缓凝效果不显著，但过多掺入反而使水泥快凝。适宜的石膏掺量主要取决于水泥中 C_3A 的含量和石膏中 SO_3 的含量，也与水泥细度和熟料中 SO_3 的含量有关。石膏掺量一般为水泥质量的 3%~5%。若水泥中石膏掺量超过规定的限量，会引起水泥强度降低,严重时会引起水泥体积安定性不良,使水泥石膨胀性能减弱。

（3）水泥细度

水泥颗粒粗细直接影响水泥的水化、凝结硬化、强度及水化热等,这是因为水泥颗粒越细,总表面积越大,与水的接触面积越大,因此水化速率、凝结硬化也相应加快,早期强度高。但水泥颗粒过细时,易与空气中的水分及二氧化碳反应,致使水泥不宜久存。过细的水泥硬化时产生的收缩也较大。水泥磨得越细,耗能越多,成本越高。通常水泥颗粒粒径在 7~200 μm 范围内。

（4）养护条件(温度、湿度)

适宜的养护环境温度和湿度,有利于水泥的水化、凝结硬化和早期强度的发展。如果环境十分干燥,水泥中的水分蒸发,会导致水泥不能充分水化,同时硬化停止,严重时会使水泥石产生裂缝。

通常养护时温度升高,水泥的水化加快,早期强度发展也快。若在较低的温度下硬化,虽然强度发展较慢,但是最终强度不受影响。不过当温度低于 0 ℃ 时,水泥的水化停止,强度不但不增长,甚至会因水结冰而导致水泥石结构破坏。实际工程中常通过蒸汽养护、蒸压养护来加快水泥制品的凝结硬化,但这并不适合在注浆工艺中使用。

（5）养护龄期

水泥的水化硬化是一个在较长时期内不断进行的过程,随着水泥颗粒内各种熟料矿物水化程度的提高,凝胶体体积不断增大,毛细孔不断减少,使水泥石的强度随龄期增长而提高。研究与实践证明,水泥在 28 d 内强度发展较快,28 d 之后增长缓慢。

（6）拌和用水量

在水泥用量不变的情况下,增加拌和用水量会增加硬化水泥石中的毛细孔,降低水泥石的强度,同时增加水泥的凝结时间。所以在实际工程中,水泥混凝土调整流动性时,在不改变水灰比的情况下,要同时调整水和水泥的用量。此外,为了保证混凝土的长期服役性能,规定了最小水泥用量。

（7）外加剂

硅酸盐水泥的水化、凝结受水泥熟料中 C_3S、C_3A 含量的制约,凡是对 C_3S 和 C_3A 的水化性能产生影响的外加剂,都能改变硅酸盐水泥的水化和凝结硬化性能。加入促凝剂（$CaCl_2$、Na_2SO_4 等）,就能促进水泥水化硬化,提高早期强度。相反,掺加缓凝剂(木钙糖类等)会延缓水泥的水化、硬化,影响水泥早期强度的发展。

1.4.2.2 膨润土

膨润土又称为膨土岩或斑脱岩,是以蒙脱石(也称为微晶高岭石、胶岭石等)为主要成分的黏土岩——蒙脱石黏土岩。我国出现的膨润土译名为斑脱岩、皂土、膨土岩等,准确的命名应为蒙脱石黏土,也称为微晶高岭土。

膨润土具有各种颜色,如白色、乳黄色、浅灰色、浅绿黄色、浅红色、肉红色、砖红色、褐红色、黑色、斑杂色等。它具有油脂光泽、蜡状光泽或土状光泽,呈贝壳状或锯齿状断口。膨润土矿地表一般松散如土,深部较为致密坚硬。膨润土的结构类型较多,有泥质、粉砂、细砂、角砾凝灰、变余火山碎屑等结构。构造类型主要有微层纹状、角砾状、斑杂状、致密块状、土状等。膨润土被敲击时声音发哑。膨润土吸湿性强,放入水中出现迅速或缓慢的膨胀、崩解,最大吸水量为其体积的 8~15 倍,膨胀倍数从数倍到 30 余倍,具有较好的黏结性和可塑性,在阳光下晒干后干裂成碎块,密度一般约为 2 g/cm³。

膨润土主要由含水的铝硅酸盐矿物组成,其主要化学组分是二氧化硅、三氧化二铝和水,氧化镁和氧化铁含量有时也较高。此外,钙、钠、钾等常以不同含量存在于膨润土中。膨润土中的 Na_2O 和 CaO 含量对膨润土的物理化学性能和工艺技术性能影响较大。一般 Na_2O 含量高的为好,但 Na_2O 过高和 CaO 过低对膨润土的技术性能反而不利。往往为了改善膨润土的技术性能,对天然膨润土进行人工钠化或钙化处理,以调节它们的含量,满足使用要求。

欧美国家根据蒙脱石的碱性系数将膨润土划分为钠基膨润土和钙基膨润土。苏联根据蒙脱石中可交换阳离子占离子交换总量的百分比,将膨润土划分为钠基膨润土、钠-钙基膨润土、钙-钠基膨润土、钙基膨润土、钙-镁基膨润土、镁-钙基膨润土等。

1.4.2.2.1 膨润土的物理性质和化学性质

膨润土具有优良的物理化学性质,包括吸水膨胀性、黏结性、吸附性、催化活性、触变性、分散悬浮性、可塑性、润滑性和离子交换性等,因此,膨润土是一种应用极其广泛的非金属矿物。

（1）吸水膨胀性

膨润土具有吸湿性,能吸附相当于 8～15 倍自身体积的水量,吸水后能膨胀,膨胀后体积是自身原体积的 30 余倍。

膨润土的主要成分是蒙脱石和层状硅酸盐（2：1）。其中,Al^{3+} 和 Si^{4+} 可被 Mg^{2+}、Ca^{2+} 或 Fe^{2+} 置换,可交换的阳离子骨架有剩余负电荷,加上蒙脱石晶层间结合力较弱,可吸附阳离子和极性水分子。根据阳离子种类和相对湿度,层间能吸附一层或两层水分子。另外,在蒙脱石晶胞表面吸附了一定水分子。

钠基蒙脱石的吸水性比钙基蒙脱石强。钠基膨润土的吸水量和膨胀倍数是钙基膨润土的 2～3 倍。引起蒙脱石膨胀的动力是交换性阳离子和晶层底面的水化能。蒙脱石的吸水作用有一定限度,所吸的水分子层（水化膜）达到一定厚度并分布均匀时吸水量达到平衡,若此平衡被破坏,即失水后吸水膨胀性能又得以恢复。与钙基膨润土相比,钠基膨润土在水中分散程度高,其特点是吸水速度慢但吸水延续的时间长,总吸水量大,同时 Na^+ 的半径小,所以它在蒙脱石单位晶层底面占据的面积小,晶体吸水膨胀倍数高,可达到 30 倍。钙基膨润土吸水速度快,2 h 即达到饱和,但吸水量少。

蒙脱石的湿胀和干缩（包括少量结构水逸出）在一定条件下是可逆的,但是到层间水完全失去后再吸水就比较困难,高温干燥后完全失去重新水化的能力。Ca-蒙脱石（钙基蒙脱石）失去水化能力的温度为 300～390 ℃,Na-蒙脱石（钠基蒙脱石）失去水化能力的温度为 390～490 ℃。

（2）分散悬浮性

蒙脱石以胶体分散状态存在于溶液中。蒙脱石矿物颗粒细小,其单位晶层之间易分离,水分子易进入晶层之间,充分水化后以溶胶形式悬浮在水溶液中。在膨润土分散液中,蒙脱石颗粒可能以单一晶胞或晶层面的平行叠置状存在,也可以是少量晶胞的附聚体,即晶层面和晶体端面的附聚体,或晶层端面和晶层端面的附聚体。水溶液中,由于蒙脱石晶胞都带有相同的负电荷,彼此同性相斥,在稀溶液中很难凝聚成大颗粒,是一种很好的助悬浮剂。

若在分散液中加入金属阳离子（尤其是高价金属阳离子）或者溶液的 pH 值降低至中性甚至弱酸性时,附聚体会聚集、絮凝,分散液呈浓厚悬浮液,颗粒增大,均匀程度差,絮凝发展到整个体系时即凝胶。比较稀薄的、不稳定的蒙脱石分散液随着附聚的发展颗粒逐渐增大，蒙脱石颗粒最后沉积。

Na-蒙脱石颗粒较细小，在水中分散性好，可以解离成单位晶胞，在分散液中分布均匀，沉积速度较慢，故分散性好。

（3）触变性

触变性是指胶体溶液搅拌时变稀（剪切力降低），而静置后变稠（剪切力升高）的特性。膨润土结构中的羟基在静置的介质中会产生氢键，使之成为均匀的胶体，并且具有一定的黏度。当外界存在剪切力进行搅拌时，氢键被破坏，黏度降低，所以膨润土溶液在搅动时悬浮液表现为流动性很好的溶胶液。停止搅动就会自行排列成具有立体网状结构的凝胶，并不发生沉降分层和有水离析，再施加外力搅动时，凝胶又能迅速被打破，恢复流动性。这种特性使膨润土在混悬剂方面具有重要应用价值。

（4）黏结性和可塑性

黏结性是指膨润土的胶体悬浮液具有较高的黏度。黏度是胶体流动时固体颗粒之间、固体颗粒与液体之间、液体分子之间的内摩擦力的外在表现。膨润土与水混合具有黏结性，源自多方面，如膨润土亲水，颗粒细小，晶体表面电荷多样化，颗粒不规则，羟基与水形成氢键。由多种聚附形式形成溶胶，膨润土与水混合具有很大的黏结性。高膨胀性的蒙脱石在水溶液中具有较高的分散度。同时黏土颗粒一般条件下聚集状况稳定，颗粒絮凝具有一定凝聚强度，膨润土与水混合具有很大的黏结性，可以用于钻探泥浆等。

膨润土具有较好的可塑性，其水的含量远高于高岭石和伊利石，而形变所需要的力较其他黏土小。膨润土中的应力、应变值随蒙脱石交换阳离子种类不同而变化。钠基膨润土的可塑性高，黏结性强。砂-钠基膨润土混合料的工艺性能好，其湿化强度虽然接近或略低于钙基膨润土做成的混合料，但是受水分变化的影响小，对水分和热敏感性低，故干拉强度和热湿拉强度均较高。

1.4.2.2.2　水泥-膨润土注浆材料

为了减少水泥悬浊液的析水量，通常添加膨润土形成流动性良好的水泥-膨润土浆液。膨润土与水接触就显著地膨胀、分散，形成粒径为 $0.001 \sim 0.01\ \mu m$ 的有黏性和触变性的胶体。因此，将膨润土加入水泥浆液后具有下列特性：既能防止注浆材料的分离，又能防止水泥和砂的沉淀，并且能与过剩的水结合而膨胀。浆液具有触变性、黏性及黏结力。

1.4.2.3　超细水泥

单液水泥浆是以水泥为主的浆液，具有材料来源丰富、价格低廉、结石体强度高、抗渗性能好、单液注入方式及工艺简单、操作方便等优点，是当前乃至今后相当长时间内应用最广的一种注浆材料。但是，由于水泥是颗粒材料，可灌性较差，难以注入中细砂粉砂层和细小的裂隙岩层，而且水泥浆凝固时间长，容易流失而造成浆液浪费，并有易沉淀析水、强度增长慢、结石率低、稳定性较差等缺点，所以水泥浆应用具有一定的局限性。为此，近年来国内外学者在改善水泥浆性能方面做了大量的研究工作，其中针对超细水泥的研究在加强，在提高水泥浆性能方面取得了突破性进展。

自 1838 年英国汤姆逊隧道首次应用水泥以来，近两个世纪的工程应用经验说明，普通水泥浆的粒径较大，一般只能灌入宽度大于 0.2 mm 的裂缝或空隙，小于 0.2 mm 的裂缝或空隙需要粒径更小的水泥。国际公认水泥颗粒最大粒径小于 20 μm、平均粒径为 3 ～ 5 μm

的水泥称为"超细水泥"。20 世纪 70 年代,日本率先研制出超细水泥,超细水泥可灌入宽度小于 0.2 mm 的裂缝或空隙介质(岩、土、混凝土等)中。超细水泥浆液强度高、稳定性好、渗透能力强,几乎可以具有"溶液"化学浆材水平的可灌性。超细水泥的比表面积相当大,因而在非常细小的裂隙中的渗透能力远高于普通水泥。在其中加入一些外加剂,可改善超细水泥浆液的可灌性能。

国内外的注浆实践证明,在细小的孔隙中,超细水泥具有较高的渗透能力,能渗入细砂层(渗透系数为 $10^{-3} \sim 10^{-4}$ cm/s)和岩石的细裂隙中,与一般化学浆液相比具有较高的强度和较好的耐久性能。由于其比表面积很大,同等流动条件下用水量增加,欲配制流动性较强的浆液需水量较大,而保水性很强的浆液中多余的水分不易排除,将影响结石体的强度。所以,当采用超细水泥注浆时,浆液的水灰比应控制在一定范围内,往往需要掺入高效减水剂来改善浆液的流动性。目前超细水泥价格较高,直接影响其使用范围。

超细水泥浆液的特性如下:

(1)在同样水灰比条件下,超细水泥浆液黏度比普通水泥和胶体水泥浆液都低。

(2)与其他水泥浆液的比较试验结果证明超细水泥浆液具有更好的稳定性。

(3)超细水泥颗粒有较高的化学活性,能较好地凝结硬化,获得较高的早期强度和后期强度。龄期 3 d 的超细水泥结石体抗压强度不低于 20 MPa,28 d 可达 30 MPa 以上(水灰比为 0.6)。

(4)超细水泥浆液凝结时间的确定可用掺入硅酸钠方法在 45~150 s 范围内调节。浙江金华某水泥厂产的超细水泥,在不加附加剂的条件下,初凝时间大于 2 h,终凝时间小于 8 h(水灰比为 0.6)。

超细水泥具有膨胀率可调的特点,可以使结石体充满整个裂隙,使其界面结合得十分严密,大幅度提高其抗渗能力。如在其中加入一些附加剂,可显著改善超细水泥浆液的性能。这种新型水泥的出现为注浆领域开辟了新的途径。在一定的稠度下,它完全可以代替化学浆液。但是由于其比表面积很大,因此欲配制成流动性较好的浆液需水量较大。所以当采用超细水泥注浆时,浆液的水灰比应控制在 0.8 以上。正是因为其比表面积很大,浆液的保水性很强,浆液中的水分不易排出而使结石体强度降低,为解决这个矛盾,可采用高效减水剂来改善浆液的流动性。

为提高水泥浆液的可灌性,国外近年来研制了一种湿磨水泥制浆方法(简称 WMC)。湿磨水泥浆的制浆设备是带有高速旋转叶轮的鼓形磨,其中盛有小钢球,通过球体的高速旋转将浆体中的水泥颗粒进一步磨细。鼓形磨安装在注浆泵和搅拌机之间。水泥浆经过鼓形磨后被送入带有搅拌设备的盛浆筒内待用。盛浆筒与注浆泵连通。用这种方法制成的浆液具有类似甚至超过黏土浆的稳定性。湿磨水泥在压力作用下,多余的水分可被滤出,形成的结石体强度高。

1.4.2.4 水玻璃

水玻璃俗称泡花碱,在某些固化剂作用下可以瞬时产生凝胶,因此可作为注浆材料。水玻璃注浆浆液是注浆中最早使用的一种化学浆液,以含水硅酸钠(水玻璃)为主剂,加入胶凝剂以形成胶凝体。

水玻璃不是单一的化合物,而是氧化钠(Na_2O)与无水二氧化硅(SiO_2)以各种比率结合的化学物质,其分子式为 $Na_2O \cdot nSiO_2$。按照水玻璃自身的 pH 值和胶凝时的形态,可分为碱性水玻璃和中性水玻璃。碱性水玻璃即普通水玻璃,自身呈强碱性,当与胶凝剂混合后在碱性条件下发生胶凝。由于碱性较强,在注浆处理的地层内会产生较强的碱性影响,使生成的二氧化硅胶体逐渐溶出,大幅度降低了处理体的耐久性。中性水玻璃一般呈酸性,是在接近中性范围内胶凝的,避免了碱的溶出,从而增强了耐久性。

中性水玻璃可以直接酸化普通水玻璃成为酸性水玻璃(pH 值为 1.5~2.0),然后以碱性化合物使其接近中性范围内胶凝,也可以将普通水玻璃进行脱钠处理,制成硅溶胶,再用胶凝剂使其胶凝。

水玻璃注浆材料具有渗入性较好、无毒、操作简便和价格低廉等优点,广泛应用于地基、水坝、隧道、桥梁和矿井等工程施工中,但力学强度不够理想,脆性大,弹性差,并且水玻璃浆材也存在一些其他缺点,如胶凝时间不够稳定、可控范围较小、凝胶强度低、凝胶体耐久性不足等,因此多应用于临时工程。

水玻璃注浆材料具有以下优点:

(1)水玻璃浆材来源广,造价低,经济效益巨大。

(2)水玻璃是真溶液,初始黏度低,可灌性好。

(3)水玻璃浆材主剂毒副作用小,环境污染小,使用安全。

(4)可以与水泥配合使用,能结合水泥浆材和水玻璃浆材二者的优点。

(5)水玻璃类化学注浆材料是指一系列浆材,可以针对不同施工、水文、地质、土壤条件选用相应种类。

在应用水玻璃时应注意以下几点:

(1)浆液凝胶后能释放一定量的自由离子,虽然无毒,但是对地下水产生污染,应该予以处理后再排放。

(2)由于硅胶具有黏塑性质,注浆后承受长期荷载作用时,其强度有所降低,因此用水玻璃类浆液加固砂土时,应充分考虑加固体的蠕变特性。

(3)酸性水玻璃浆液在含水量较高的土质中使用时,pH 值容易受到地下水稀释的影响,其结果是较难把握准确的凝胶时间。

水玻璃在凝结硬化后具有以下特性:

(1)黏结力强、强度高。水玻璃硬化后,其主要成分是二氧化硅凝胶和氧化硅,比表面积大,因而具有较高的黏结力和强度。用水玻璃配制的混凝土抗压强度可达 15~40 MPa,但水玻璃自身质量、配合料性能及施工养护对强度有显著影响。

(2)耐酸性好。由于水玻璃硬化后的主要成分为二氧化硅,其可以抵抗除氢氟酸、过热磷酸以外的几乎所有的无机酸和有机酸。其可用于配制水玻璃耐酸混凝土、耐酸砂浆、耐酸胶泥等。

(3)耐热性好。硬化后形成的二氧化硅网状骨架,在高温下强度下降幅度不大。其可用于配制具有耐热性能的混凝土、砂浆和胶泥等。

(4)耐碱性和耐水性差。水玻璃在加入氟硅酸钠后仍不能完全反应,硬化后的水玻璃中仍含有一定量的 $Na_2O \cdot nSiO_2$,由于 SiO_2 和 $Na_2O \cdot nSiO_2$ 均可以溶于碱且 $Na_2O \cdot nSiO_2$ 溶于水,所以水玻璃硬化后不耐碱、不耐水。为了提高其耐水性,常采用中等浓度的酸对已硬化的水玻璃酸洗,以促使水玻璃完全转变为硅酸凝胶。

1.4.2.5 丙烯酰胺

丙烯酰胺注浆材料又称为丙烯酰胺,主要由丙烯酰胺、交联剂和水溶性自由基氧化-还原引发体系组成。丙烯酰胺浆液各组分均溶于水,总浓度可达 20%,浆液黏度小,约为 1.2 MPa·s,在凝胶前黏度变化不大,具有良好的渗透性,可灌入宽度小于 0.1 mm 的裂缝。

丙烯酰胺浆液黏度低,具有良好的可灌性,其最大优点是在凝固之前一定时间内能保持原来的低黏度,有别于其他的注浆材料(其他注浆材料的黏度随着凝胶过程逐渐增大)。丙烯酰胺的胶凝时间,可根据需要在数十秒至数十分钟甚至更长的时间段内调节。胶凝时间与引发剂、促进剂和阻凝剂的用量有关,并且与丙烯酰胺浆液的温度和 pH 值有关。丙烯酰胺胶体抗渗性强,渗透系数为 $10^{-10} \sim 10^{-9}$ cm/s,具有高弹性,能适应很大的变形而不开裂,这对混凝土伸缩缝的堵漏极为合适。丙烯酰胺胶体还具有耐酸、耐碱、抗霉菌的优点,但凝胶体的抗压强度低,约为 0.5 MPa。

丙烯酰胺胶体可封闭裂缝和孔隙中的通道,从而达到堵塞防渗的目的,被广泛应用于隧道、矿井、地下建筑等防渗堵漏工程,特别适用于细微裂缝和大量涌水情况下的堵漏。丙烯酰胺与水泥混合能使浆液迅速胶凝,堵住涌水,且其具有水泥浆的后期高强度特点。在丙烯酰胺水泥浆液的配制中,所用丙烯酰胺溶液的浓度一般为 10%,水泥用量与丙烯酰胺溶液的质量比通常为(0.66~2)∶1。丙烯酰胺和水泥一起使用还可以作为抹面防水材料。

丙烯酰胺类浆液及凝胶体的特点如下:

(1)浆液黏度低,与水接近,通常标准浓度时为 1.2×10^{-3} Pa·s,且在凝胶前保持不变,具有良好的可灌性。

(2)凝胶时间可准确地控制在几秒至几十分钟,且凝胶是在瞬间发生的并能在几分钟之内就达到其极限强度,聚合体体积基本上为浆液体积的 100%。

(3)凝胶体抗渗性强,其渗透系数为 $10^{-10} \sim 10^{-9}$ cm/s。

(4)凝胶体抗压强度较低,为 0.2~0.6 MPa,一般不受配方的影响,在较大裂隙内的凝胶体易被挤出,因此仅适用于防渗注浆。

(5)丙烯酰胺浆液及凝胶体耐久性较差,且具有一定的毒性,对人的神经系统有毒害,对空气和地下水有污染。

(6)丙烯酰胺浆液价格较贵,材料来源也较少。

丙烯酰胺浆液与铁易发生化学反应,具有腐蚀性,凡浆液流经的部件均宜采用与浆液不发生化学作用的材料制成。

1.4.2.6 脲醛树脂

脲醛树脂(urea formaldehyde resin)又称为脲甲醛树脂,是用脲(尿素)与甲醛缩聚制成的一种氨基树脂。合成脲醛树脂的反应包括加成反应和缩聚反应。其合成和固化过程主要由加成反应和缩合反应两步得到线形或带有支链的聚合物,然后在成型过程中通过加热和加入草酸、苯甲酸、邻苯二甲酸等作为固化剂形成交联的结构。脲醛树脂为水溶性树脂,容易固化。脲醛树脂具有表面硬度高、耐刮伤、易着色、耐弱酸弱碱及油脂介质、耐电弧、耐燃以及固化后无毒、无臭、无味等特点。但脲醛树脂易吸水,受潮气和水分的影响会变形及产生裂纹,耐热性较差,长期使用温度在 70 ℃以下。

以脲醛树脂或脲甲醛为主剂,加入一定量的酸性固化剂所组成的浆液材料称为脲醛树脂类浆液。该浆液具有水溶性、强度高(较脆),材料来源丰富,价格便宜等优点,但是其黏度变化较大,质量不够稳定,不能长期存放,且必须在酸性介质中固化,对设备有腐蚀,对人体有害,因此它的使用范围受到限制。

1.4.2.6.1 脲醛树脂浆液的组成

脲醛树脂浆液由脲醛树脂(固体含量为 40%～50%)与酸性催化剂组成。酸或酸性盐都可以作为催化剂,常用的有硫酸、盐酸、草酸、氯化铵、三氯化铁等,其用量根据浆液所需的胶凝时间来选择。

(1)尿素:分子量为 60,为白色晶体,相对密度为 1.335,熔点为 132 ℃,易溶于水,呈弱碱性。

(2)甲醛:分子量为 30,通常使用的是含有 37% 左右的甲醛水溶液,有刺激性臭味。长期存放会析出白色多聚甲醛沉淀,加热后仍可分解为甲醛。

1.4.2.6.2 脲醛树脂的合成

尿素与甲醛在合成脲醛树脂反应过程中,应严格控制物质的量、溶液的 pH 值、反应温度与反应时间等。尿素与甲醛用量的物质的量之比一般为 1.5～3。反应开始时,用氢氧化钠溶液中和生成溶于水的树脂。必要时可进行减压脱水,使固体含量由 45%～50% 提高至 50%～60%。使用时,加水稀释至所需浓度。为了使反应过程中的溶液 pH 值控制得当,应经常加入少量的六次甲基四胺作为缓凝剂。为了克服脲醛树脂类浆液的缺点,有时在脲醛树脂生产过程中加入一种或几种能参与反应的化合物,或在该浆液中加入另一种注浆材料混合使用,以达到改变浆液性质的目的。

1.4.2.6.3 脲醛树脂浆液的特性

(1)黏度

由于脲醛树脂是水溶性的,浆液可用水稀释。在满足聚合体的强度和其他要求的基础上,可合理地稀释浆液以达到降低黏度与成本的目的。以尿素直接溶入甲醛的尿素甲醛浆液的黏度较低。

(2)凝胶时间

改变催化剂的用量,可以使浆液的凝胶时间在几十秒到几十分钟内调整。

(3)固结体强度

固结体强度与浆液浓度及催化剂的品种有关,当浆液浓度为 40%～50%(固体含量)时,用硫酸作为催化剂的固结体抗压强度为 4.0～8.0 MPa。

1.4.2.7 环氧树脂

环氧树脂(epoxy resin,简称 EP)是一种分子内含有两个或两个以上的反应性环氧基,并以脂肪族、脂环族或芳香族碳链为骨架的热固性树脂。未固化时其为高黏度液体或脆性固体,易溶于丙酮和二甲苯等溶液,加入固化剂后可在室温或高温下固化。环氧树脂具有较强的黏结性能、耐化学药品性、耐气候性、电绝缘性好以及尺寸稳定等优点,可用于制作胶黏剂、涂料、焊剂和纤维增强复合材料的基体树脂等,广泛应用于机械、电机、化工、汽车、船舶、航空航天、建筑等工业部门。

环氧树脂的突出性能是与各种材料之间具有很强的黏结力,这是由于在固化后的环氧树脂分子中含有各种极性基团(羟基、醚键和环氧基),可与多种类型的固化剂发生交联反应而形成具有不溶性质的三维网状聚合物。环氧树脂和所用的固化剂的反应是通过直接加成来进行的,没有水或其他挥发性副产物放出,因此与酚醛树脂、聚酯树脂相比,在固化时收缩率很低,而且在发生最大收缩时树脂还处于凝胶态,有一定的流动性,因此不会产生内应力,因而在其固化过程中只显示出很低的收缩性。环氧树脂具有突出的尺寸稳定性和耐久性。固化后的环氧树脂耐热温度一般为80~100 ℃,有些品种甚至可达到200 ℃以上。

环氧树脂具有强度高、黏结力高、收缩性小、常温固化、化学稳定性好等优点,但将其用作注浆材料时存在一些缺陷,例如其浆液黏度大、可灌性差、憎水性强与潮湿裂缝黏结力低等。因此在实际运用中,常常对其进行改性处理,消除上述缺点后再作为注浆材料使用。

1.4.2.8 聚氨酯

聚氨酯(polyurethane,简称PU)是指分子结构中含有许多重复的氨基甲酸酯基团的一类聚合物,全称为聚氨甲基酸酯。聚氨酯于1937年由德国科学家首先研制成功,1939年开始工业化生产。聚氨酯根据组成可分为线形分子的热塑性聚氨酯和体型分子的热固性聚氨酯,前者主要用于制作弹性体、涂料、胶黏剂、合成革等,后者主要用于制作各种半软半硬质泡沫塑料。聚氨酯也常用于制作注浆材料。聚氨酯浆液在任何条件下都能与水反应而固化,浆液的固结体具有硬性的塑胶体、延伸性好的橡胶体、可软可硬的泡沫体等形态,不会遇水稀释流失,可作为防渗漏堵水材料。聚氨酯浆液有水溶性和非水溶性两种,黏度低、可灌性好,结石体强度较高,不仅可以制作防渗堵水、补强加固的注浆材料,还可以制作伸缩变化的嵌缝材料。

聚氨酯注浆材料又称为"氰凝"材料,是以多异氰酸酯与多羟基化合物聚合反应制备的预聚体为主剂,通过注浆注入基础或结构,与水反应生成不溶于水的具有一定弹性或强度固结体的浆液材料。其浆液是由聚氨酯预聚体(或多异氰酸酯和聚醚多元醇)为主体,加上溶剂、催化剂、缓凝剂、表面活性剂、增塑剂及其他改性剂等组成的。浆液遇水时与水发生化学反应,生成网状结构,产生气体,造成体积膨胀并最终生成一种不溶于水的具有一定强度的凝胶体。其在土木工程中起到加固、堵漏、堵水、防渗作用。聚氨酯注浆材料的应用,极大地扩大了化学注浆的应用范围。

聚氨酯浆液分为油溶性聚氨酯(PM型浆液)和水溶性聚氨酯(SPM型浆液)注浆材料。其具有以下特点:

(1)任何条件下都能与水发生反应而固化,浆液不会因被水稀释而流失。

(2)与土粒黏结力大,制得的高强度的弹性固结体能充分适应地基的变形。

(3)固化过程中产生二氧化碳气体,气体压力把浆液进一步压进疏松地层的孔隙中,使多孔隙结构或地层填充密实。

(4)聚氨酯注浆材料的反应活性大,固结体具有良好的弹性和强度,且固结体可以因组成不同而具有多种形态,可以是玻璃态的硬性塑胶体,也可以是高弹性的且延伸性好的橡胶体。

(5)黏度可调,固化速度调节简便。

2　注浆机理及设计原理

注浆是将设定材料配制成浆液,用压送设备将其灌入地层或缝隙内以便于其扩散、胶凝固化,达到加固地层或防渗堵漏的目的,从而满足各类土木工程的需求。注浆技术经过 200 年的发展,历经原始黏土浆液注浆、初级水泥浆液注浆、中级化学注浆和现代注浆等阶段,形成了渗透注浆、劈裂注浆、压密注浆、喷射注浆等技术,涉及化学、流体力学、土力学、岩石力学等学科,现已广泛应用于水利、采矿、地铁、隧道等实际工程,用于堵水、防渗、加固等。

2.1　注浆机理

任何一门学科或技术的健康发展及日臻成熟都离不开科学完善的系统理论指导,随着注浆技术在工程领域的广泛应用,在注浆理论研究方面也取得了丰硕成果,并日渐成熟,成为推动注浆技术蓬勃发展的重要力量。

2.1.1　渗透注浆

2.1.1.1　工艺定义

渗透注浆是指在注浆压力作用下,浆液克服各种阻力渗入土体中的孔隙和裂隙,在注浆过程中地层结构不受扰动和破坏的注浆形式。与别的注浆方式的不同之处:渗透注浆的压力不足以破坏地层构造,不会产生水力劈裂,在这样的情况下浆液取代了土中的空气与水并使之排出。如图 2-1 和图 2-2 所示,浆液以微小颗粒或分子状态较均匀地进入被加固土体中以增强土体的强度和防渗能力。

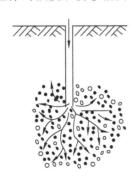

图 2-1　渗透注浆示意图

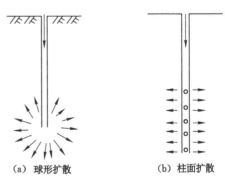

（a）球形扩散　　　（b）柱面扩散

图 2-2　浆液的扩散形状

2.1.1.2 工艺原理

在渗透注浆理论研究中,由于目前的技术尚难以对浆液在介质内的流动状态进行跟踪观察,并且浆液在岩土体内的扩散受到注浆压力、介质自身物理性质和浆液性质以及其时变关系的影响,所以造成当前对于渗透注浆理论的研究远落后于其应用。现阶段的主要理论分为以下四种:牛顿型(Newton)流体扩散理论、宾汉姆(Bingham)流体扩散理论、黏时变流体扩散理论以及幂律型流体扩散理论。

针对牛顿型流体,随着研究的深入,逐渐形成了多种浆液扩散理论,首先是马格(Magg)球形扩散理论。1938 年马格对浆液在砂土中的扩散进行了如下假设:砂土介质为各向同性的,浆液为牛顿型流体,注浆源为点源且浆液在地层中呈球状扩散。并推导出了浆液在砂层中的扩散公式:

$$h_1 = \frac{r_1^3 \beta n}{3 K t r_0} \tag{2-1}$$

$$t = \frac{r_1^3 \beta n}{3 K h_1 r_0} \tag{2-2}$$

式中　h_1——注浆压力水头,cm;

　　　　K——砂土的渗透系数,cm/s;

　　　　β——浆液黏度与水黏度的比值;

　　　　r_1——浆液的渗透半径,cm;

　　　　r_0——注浆管半径,cm;

　　　　t——注浆时间,s;

　　　　n——砂土的孔隙率。

马格理论的出现,真正使渗透从工程实际走向理论,推动了注浆理论的发展,具有非常重要的理论指导意义。在后续的发展中,拉费尔(Raffle)与格林伍德(Greenwood)在假设点源和其余假设相同的情况下推导出了浆液以球形扩散的公式:

$$h_1 = \frac{Q}{4 n K} \left[\beta \left(\frac{1}{r_0} + \frac{1}{r_1} \right) + \frac{1}{r_1} \right] \tag{2-3}$$

浆液从注浆源扩散到半径为 R 的球面所需要的时间为:

$$t = \frac{n r_0^2}{K h_1} \left[\frac{\beta}{3} \left(\frac{r_1^2}{r_0^3} - 1 \right) - \frac{\mu - 1}{2} \left(\frac{\beta}{r_0^2} - 1 \right) \right] \tag{2-4}$$

式中　t——注浆时间,s;

　　　　h_1——注浆压力水头,cm;

　　　　r_1——浆液的渗透半径,cm;

　　　　β——浆液黏度与水黏度的比值;

　　　　n——受注介质的孔隙率;

　　　　r_0——注浆管半径,cm;

　　　　K——受注介质的渗透系数,cm/s;

　　　　Q——注浆量,cm³。

国内有关注浆扩散公式的研究主要包括两个方面:球形浆液扩散公式与柱形浆液扩散公式,其中马海龙等推导出的球形扩散公式如下:

$$h_1 = \frac{r_1^3 \beta n}{3Kt}\left(\frac{1}{r_0} - \frac{1}{r_1}\right) \tag{2-5}$$

$$t = \frac{r_1^3 \beta n}{3Kh_1}\left(\frac{1}{r_0} - \frac{1}{r_1}\right) \tag{2-6}$$

式中 h_1——注浆压力,cm;

      r_1——浆液扩散渗透半径,cm;

      β——浆液黏度与水黏度的比值;

      n——受注介质的孔隙率;

      K——介质的渗透系数,cm/s;

      r_0——注浆管半径,cm;

      t——注浆时间,s。

《岩土注浆理论与工程实例》一书假设受注介质为均匀的各向同性介质,浆液为牛顿流体,用花管进行注浆,最后浆液呈柱形扩散,其柱形扩散公式如下:

$$r_1 = \sqrt{\frac{2Kh_1t}{n\beta\ln(r_1/r_0)}} \tag{2-7}$$

$$t = \frac{n\beta r_1^2 \ln(r_1/r_0)}{2Kh_1} \tag{2-8}$$

式中 r_1——浆液扩散渗透半径,cm;

      h_1——注浆压力水头,cm;

      t——注浆时间,s;

      n——孔隙度;

      β——浆液黏度与水黏度的比值;

      r_0——注浆管半径,cm。

为了进一步探索浆液在受注介质内的流动情况,掌握受注介质及注浆材料特性参数与注浆后浆液的扩散情况等关系,国内外学者均在不同环境和不同试验装置下进行了实验室及现场试验。

苏联学者曾在理论计算公式的基础上,对无水多孔介质进行了模拟渗透试验,根据不同试验材料的不同渗透系数、粒度模数与不同的注入化学浆液黏度,推导出了注浆压力、浆液流量、渗透速度、注浆时间、浆液扩散半径、土的空隙性质、浆液性质之间的关系,列出了一系列回归公式。

在裂隙岩体中,韩国的李(J. S. Lee)等对在裂隙岩体中渗透注浆进行了研究。试验采用非均质的合成材料模拟岩体,将受注岩体分为无节理、有一组平行节理、有两组互相垂直节理 3 种情况进行了模拟试验。从最后的试验结果来看,主要有四点结论:(1) 受注岩体在功能上与完整岩体几乎相同,不论是从几何性质还是从力学性质来分析;(2) 在加载垂直压力的情况下,受注岩体的表现优于完整岩体,竖向承载能力在渗透注浆后得到了强化;(3) 在受注岩体的受注强化部分中,剪力波的传播速度提高了 11%~14%;(4) 相较于注浆前的岩石节理,充分渗透注浆后的岩石节理的刚度提高了近 6 倍。

在动水条件下,卡罗尔(Karol)与斯威夫特(Swift)在 1961 年使用丙烯酰胺浆液(AM-9)利用三维模型研究了地下水流动对化学浆液的分布产生的影响,指出流动地下水对化学注浆的主要影响是把浆液从注入点冲洗掉,其他影响是改变注浆区域的形状。克里泽克(R. J. Krizek)和佩雷斯(T. Perez)在1985年用4种浆液和5种介质共做了79组一维注浆试验,研究浆液的稀释特性,并且在给定地下水流速条件下详细研究了4种浆液在同种介质堵水所需要的凝胶时间和同种浆液在不同介质中堵水所需要的凝胶时间,这里需要补充介绍稀释比——浆液稀释的难易程度,用式(2-9)表示。

$$稀释比 = \frac{溢流液最短凝胶时间}{设计凝胶时间} \tag{2-9}$$

研究结果显示:稀释比越大,截水曲线越陡峭,越靠近凝胶时间轴,要求的凝胶时间越短。而从介质性质考虑,介质颗粒越粗,堵水需要的凝胶时间越短,反之亦然。当有效尺寸约为0.072 mm时,浆液几乎不能注入。

2.1.2 压密注浆

土体压密注浆起源于美国,美国称其为CPG(compaction grouting),于20世纪50年代早期运用于工程,但是当时对其原理的研究尚未开始,直到1969年格拉(Graf)首次描述了压密注浆的过程并提出了一些基本概念。1970年,米切尔(Mitchell)研究了压密注浆的机理;1973年,布朗(Brown)和奥纳(Warner)报道了有关压密注浆的试验过程和实际工程应用情况,并论述了压密注浆最大的挤密效果发生在最弱的土层或土体中。随后又有许多学者通过现场试验与室内试验对压密注浆的原理进行了不断探索,最后得出了压密注浆的设计方法等,对现今压密注浆的实际工程施工起到了非常重要的引领作用。

2.1.2.1 工艺定义

根据美国土木工程师协会注浆委员会给出的定义,压密注浆就是使用极稠浆液(坍落度小于25 mm的浆液)进行注浆,通过钻孔挤压土体,在注浆处形成球形浆泡,依靠浆体的扩散形成对周围土体的压缩。钻杆自下而上注浆时将会形成桩式柱体,浆体完全取代或者替换了注浆范围内的土体,从而使得注浆邻近区域存在较大的塑性变形带;离浆泡较远的区域的土体产生弹性变形,因而土的密度明显增大。由于压密注浆所采用的浆液极稠,浆液在土体中运动时挤走周围的土,起置换作用,而不向土内渗透,这是压密注浆非常重要的一个特点。一般而言,压密注浆固结体在土体中呈球状或块状分布。注浆浆液稠度较大,与土体产生两个界面,浆液依靠压力挤压土体,达到加固效果。

同样作为静压注浆,压密注浆与渗透注浆、劈裂注浆之间还是有较大区别的。压密注浆的浆液极为浓稠,浆液在土体中仅挤走周围的土而起到置换作用,却不向土内渗透。渗透注浆则是浆液渗入土颗粒中的间隙,将土颗粒黏结起来,达到强化土体的效果。相比较而言,压密注浆与劈裂注浆的区别在于"劈裂",压密注浆仅通过挤压使周围土体产生变形而不产生水力劈裂,可以通过图2-3体现出来。

2.1.2.2 压密注浆的特点

(1)压密注浆使用坍落度小于25 mm的不流动的材料,注浆材料不会跑到预定地点之外,可大致在计划地点形成均质固结体,压缩周围土体,使地层得到加固。

(2)注浆材料形成的固结体的强度均匀,范围较集中,可以作为桩使用。固结体的强度可以由配合比在某一范围内(1.5~15.0 MPa)任意设定。

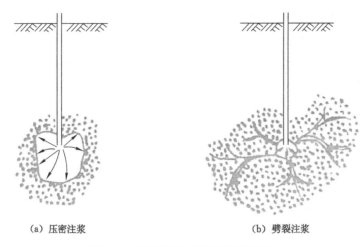

（a）压密注浆　　　　　　　　　　　　（b）劈裂注浆

图 2-3　压密注浆与劈裂注浆示意图

（3）受场地大小影响较小，无振动、无噪声，使用水泥注浆材料，不污染环境。

2.1.2.3　压密注浆所用浆材

压密注浆的浆液必须是不易流动的惰性浆材，一般由水泥，粉煤灰，砂，石灰粉，适量膨润土（占水泥质量的 5%～10%）及少量的缓凝剂、膨胀剂和适量的水配制而成。水泥及砂的投放量太少对提高强度不利。砂料的级配较为重要，砂粒太粗则浆液易失水而出现固结断裂，损伤注浆泵及堵塞注浆管。砂粒太细则浆液不易控制，耐久性差。理想的砂料以天然圆粒状，能 100% 通过 8 号筛，小于 50 μm 的细粒成分不超过 20% 为好。

2.1.2.4　压密注浆的应用

压密注浆采取自上而下分段注浆和自下而上分段注浆两种方式。

压密注浆常用于中砂地基，黏土地基中若有适宜的排水条件也可以采用。如排水困难而可能在土体中引起高孔隙水压力，就必须采用很低的注浆速率。压密注浆还可以用于非均匀沉降构造物的修正加固；表层硬，但中层、深层土质松软的地层加固（采用搅拌工法无法施工的情形）。还可用于非饱和的土体进行托换以及在大开挖或隧道开挖时对邻近土体进行加固，防止地层液化。

压密注浆在美国、日本、西欧等国家及我国台湾省均有较多的工程应用。

2.1.3　劈裂注浆

2.1.3.1　工艺定义

劈裂注浆是指在钻孔内施加压力于弱透水性地基上，当浆液压力超过劈裂压力（渗透注浆和压密注浆的极限压力）时土体产生水力劈裂，也就是在土体内突然出现一条裂缝，导致"吃浆量"突然增大，而其劈裂面位于阻力最小主应力面上，劈裂压力与地基中的最小主应力及抗拉强度成正比，浆液越稀注入则越慢，导致劈裂压力变小，最后劈裂注浆在钻孔附近形成网状浆脉，通过浆脉挤压土体和浆脉的骨架来加固土体。由于浆液在劈入土层过程中并不是与土颗粒均匀混合而是呈两相，所以从土体的微观结构来分析，土体除了受到部分的压密作用外，其他物理力学性能变化并不明显，故其加固效果应从宏观上来分析，即考虑土体的骨架效应。实践表明:劈裂注浆可利用其注浆压力在地层中产生劈裂,改善地层可注性,从而达到注浆加固的目的。除此以外,劈裂注浆还有调整坝体应力、形成垂直连续防渗帷幕、通过浆-坝互相挤压提高坝体密实度、通过湿陷固结作用提高密实度与稳定性等作用,再加之其机理明确、设备简单、工艺合理、易于取材、不污染环境、适用范围广等优点,造就了劈裂注浆在现今工程中的重要地位。

2.1.3.2 工艺原理

劈裂注浆是目前应用最广泛的一种注浆方法,在软土地基、隧道、路基和堤坝的加固中都有着广泛的应用,但是对其机理的认识目前仍然处于定性及弹性力学分析阶段,利用它们对土体劈裂注浆机理进行分析仍然是不完善的。

根据现今的研究成果来看,劈裂注浆是一个先压密后劈裂的过程,浆液在土体中的流动主要分为三个阶段。

(1)第一阶段——鼓泡压密阶段

刚开始注浆时浆液所具备的能量不大,不足以劈裂地层,浆液聚集在注浆管孔附近,形成椭球形泡体来挤压土体,此时“吃浆量”少,而压力增长快,说明土体尚未裂开。在这一段时间内会产生第一个峰值压力,故称其为启裂压力,在达到启裂压力之前称为鼓泡压密阶段(与压密注浆相似)。鼓泡压密作用可采用承受内压的厚壁圆筒模型来分析,可近似地用弹性理论的平面应变求径向位移,以此来估计土体的压密变形,其中径向位移 u_r 可用式(2-10)计算。

$$u_r = \frac{\mu-1}{\mu E}\cdot\frac{pr_1^2}{r_2^2-r_1^2}+\frac{m-1}{mE}\cdot\frac{p_1 r_1^2}{r_2^2-r_1^2}=\frac{\mu-1}{\mu E(r_2^2-r_1^2)}(p_1 r_1^2+p_1 r_1^2 r_2^2) \quad (2-10)$$

式中 μ——土的泊松比;

p——注浆压力;

m——土的压缩系数;

r_1——钻孔半径;

r_2——浆液的扩散半径;

E——土的弹性模量。

(2)第二阶段——劈裂流动阶段

在接下来继续注浆的过程中,当压力大到一定程度(启裂压力)时,浆液在地层中产生劈裂流动,劈裂面出现在阻力最小的主应力面上。这里要考虑实际地层问题,当地层存在软弱破裂面时,则先沿着软弱面劈裂流动。而当地层比较均匀时,初始劈裂面是垂直的。劈裂压力与地基中小主应力及抗拉强度成正比,垂直劈裂压力公式如下:

$$p_v = \gamma h\left[\frac{1-\mu}{(1-N)\mu}\right]\left(2K_0+\frac{\sigma_t}{\gamma h}\right) \quad (2-11)$$

式中 p_v——垂直劈裂注浆压力;

γ——土的重度;

h——注浆段深度;

μ——土的泊松比;

N——综合表示 k 和 μ 的参数;

σ_t——土的抗拉强度;

K_0——土的侧压力系数。

劈裂流动阶段的基本特征是压力先快速降低,维持在低值并左右摆动,但是由于浆液在劈裂面上形成的压力推动裂缝迅速张开而在最前端出现应力集中现象,所以此时压力值虽然小,但是能使裂缝迅速开展。

(3)第三阶段——被动土压力阶段

裂缝发展到一定程度时,注浆压力重新升高,地层中大小主应力方向变化,水平方向主应力转变为被动土压力状态(即水平主应力为最大主应力),这时有更大的注浆压力才能使土中裂缝变宽或产生新的裂缝,从而出现第二个压力峰值,此时水平方向应力大于垂直方向的应力,地层出现水平方向裂缝(二次裂缝)。水平劈裂压力为:

$$p_h = \gamma h \left[\frac{1-\mu}{(1-N)\mu} \left(1 + \frac{\sigma_t}{\gamma h} \right) \right] p \qquad (2-12)$$

式中 p_h——水平劈裂压力;

N——综合表示 k 和 μ 的参数;

其余参数含义同上。

被动土压力阶段是劈裂注浆加固地基的关键阶段,垂直劈裂后大量注浆,使最小主应力有所增大,缩小了最大主应力、最小主应力之差,提高了土体的稳定性,在产生水平劈裂后形成水平方向的浆脉时就可能使基础上抬和纠偏。浆脉网的作用是提高土体的法向应力之和,并能够提高土体的刚度。但是在实际注浆过程中,当地层很浅时,浆液沿水平剪切方向流动会在地表出现冒浆现象,因此劈裂注浆的极限压力需要满足式(2-13)。

$$p_u \leqslant \gamma h \tan^2 \left(45° + \frac{\varphi}{2} \right) + 2C \tan^2 \left(45° + \frac{\varphi}{2} \right) \qquad (2-13)$$

式中 p_u——劈裂注浆的极限压力;

γ——土的重度;

h——注浆孔深度;

C——土的黏聚力;

N——综合表示 k 和 μ 的参数;

φ——土的内摩擦角。

对于劈裂注浆中的能量问题,根据能量守恒原理,注浆所消耗的能量应等于存贮在土体中的能量加上劈裂过程中所消耗的能量。

$$\Delta E = (\Delta E_{rs} + \Delta E_{rf}) + (\Delta E_{ic} + \Delta E_{ip} + \Delta E_{iv} + \Delta E_{is} + \Delta E_{il}) \qquad (2-14)$$

式中 ΔE_{rs}——土体的弹性应变能;

ΔE_{rf}——浆液的弹性应变能;

ΔE_{ic}——劈开土体所需要的能量;

ΔE_{ip}——劈裂区塑性变形所消耗的能量;

ΔE_{iv}——浆体表面与土体摩擦所消耗的能量;

ΔE_{is}——浆液流动时克服其内部剪力所消耗的能量;

ΔE_{il}——克服浆体系统中各种摩擦所消耗的能量。

除此以外,还能推断出注浆消耗的总能量 ΔE 与注浆速率和注浆压力有关。

$$\Delta E = f(p,v) \qquad (2-15)$$

因此,注浆速率和注浆压力是一对重要的参数。

2.1.3.3 劈裂注浆加固效应

当考虑劈裂注浆引起的地层强度变化时存在下述问题:

一是浆液脉状的结石体与岩土层构成的复合体的强度特征问题;

二是伴随着浆液脉状的结石体的产生,岩土层自身的强度变化问题。

劈裂注浆加固效应可以从以下四个方面来说明。

(1)填充效应

浆液在压力的作用下进入岩土孔隙,首先会在岩土孔隙中填充固结起到加固作用。浆液结石体排挤岩土孔隙中的空气和水,这种效应所形成的复合体显然对岩土层强度有增强作用。

(2)挤密效应

浆液的填充、在压力作用下扩散,对周围的岩土必然会产生一定的挤密作用,使孔隙比有所降低。挤压效应主要使被注岩层或土体的强度增大。

试验表明:基于劈裂注入黏土的挤密效果,如果注入前黏土的强度较大,则注入时必须考虑劈裂黏土可能出现散乱现象,造成黏土的自身强度反而下降。所以,应该综合考察挤密的正作用和散乱的负作用给注入后的土体强度带来的变化。

劈裂注浆岩层时,挤密效应的作用没有劈裂注浆黏土时的大,因为岩石是很难压密的,即使有挤密,也是大块岩石之间的相互挤压,而这对提高岩层强度的作用不大。

(3)扩散效应

扩散效应是个综合概念,包括浆液在压力作用下产生的劈裂以及在主脉理上再产生支脉,各条脉理上也可能发生局部渗透。

在劈裂注入黏土时,扩散产生的浆液劈裂脉凝固后,在黏土层中多数为扁平球体或板状,与周围的黏土一起形成复合土体。有试验表明:这种复合土体的抗压强度与原来的黏土抗压强度相比没有提高,即劈裂脉不会使黏土的强度增大。而劈裂注入岩石时,劈裂脉对强度的影响一般认为有所增大。

扩散效应中还包括各条脉理上可能发生的局部渗透,这种渗透不同于通常所说的浆液渗入土体,而是一种离子交换。由于脉理较细,分散层次多,浆液与土体充分接触,这样浆液中多余的 Ca^{2+} 和土体中的 Na^+ 交换。另外,浆液中多余的硅酸根离子也会和黏土中数量较多的钙离子和镁离子等交换性阳离子反应生成难溶性或不溶性硅酸盐固结。这种渗透虽然不起主导作用,但是也能提高土体强度。这种渗透多发生在交换性强、pH 值缓冲能力大的黏土中。

另外,劈裂注浆的扩散范围与注浆压力、注浆时间、岩层或土层的阻力系数等有关。在其他条件相同的情况下,注浆压力越大、注浆时间越长、阻力系数越小,其扩散范围越大。

劈裂注浆需要在一定程度上破坏被注对象的原始结构,不同于渗透注浆,一般应选用浆材颗粒较大、强度较高的悬浊液。但悬浊液的析水率较大,劈入岩土层时的内摩擦力较大,影响浆液扩散范围,因此一般在浆液中加入膨润土或分散剂。

(4)骨架效应

浆液注入岩土层后并不与土颗粒或岩石均匀混合,而是呈两相各自存在。从宏观来看,应该考虑浆液结石体与土体构成两相复合体的骨架效应。它不同于前面扩散效应中提到的劈裂脉对土体强度的影响,因为那种影响只是局部的。

根据有关理论计算,复合体的弹性模量相比原来土体的弹性模量有提高。浆液结石体的弹性模量增大,复合体的弹性模量也增大,但并不成正比,且结石体弹性模量增大到一定值时复合体弹性模量增加量就不明显了。

2.2 注浆设计

2.2.1 注浆设计程序

注浆设计是注浆施工中十分重要的环节。注浆设计质量直接影响注浆效果和经济成本。注浆设计施工的基本程序如图 2-4 所示。

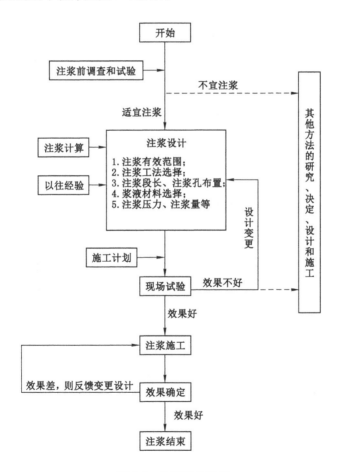

图 2-4 注浆设计程序

注浆设计所需要的资料与主要内容如下:

(1) 地质勘察报告(现场试验结果、室内试验结果)。

(2) 地下水勘察报告(水位、水力梯度、流向、流速及连续性、水质)。

（3）环境调查报告（与水质有关的水井、河流、湖泊、养鱼池等，与植物有关的树木、农作物等）。

（4）地下埋设物和已有建筑物布置图报告书（煤气、上下水管道，电缆，地下结构物的大小和深度，平面位置关系及各自的容量）。

（5）本工程设计图和计算书，主要包括注浆材料的选择，配合比、注浆量的确定，注浆法的确定，注浆孔的布置等。

（6）施工临时设施布置。

2.2.2 注浆前的调查和试验

注浆前的调查和试验是注浆设计的基础工作，包括工程地质、水文地质的调查和试验，以及周围环境调查两个部分。

2.2.2.1 工程地质、水文地质调查和试验

（1）确定岩土层的抗压强度、抗剪强度。

（2）查明注浆岩层的节理裂隙产状（倾向、倾角）、裂隙的宽度、裂隙间有无填充物、胶结程度。若为砂土层，确定其渗透系数。

（3）查明岩土层的断裂构造、断裂性质、断裂宽度、产状、上下盘相对位置、断层类型、填充物质和胶结程度。

（4）查明地下水的流向、类型、补给来源和水温。

（5）了解地下水的化学成分及其对注浆材料的影响。

现就土体特殊成分及地下水影响注浆效果的调查阐述如下。

（1）土体特殊成分调查

当浆液注入地层后，浆液可能和地层中土体的一些特殊成分（黏土矿物、氢氧化铁、氧化铁、有机物等）发生反应，产生以下不利因素：

① 首先是土体中的黏土矿物，与水共存时有黏性、塑性，是具有离子交换和吸附现象的极细的粉状矿物。黏土矿物与浆液发生化学反应，会使浆液的凝胶时间变长。选定浆液时应考虑这个不利因素。

② 在近海地层中注浆，浆液会和地层中可能混有的红褐色氢氧化铁和氧化铁发生反应，例如，在使用酸型水玻璃浆液的情况下，上述化学物质易与浆液中的酸发生反应，使浆液的凝胶时间变短。

③ 地层中含有含腐殖酸的有机物时，若注入浆液是水泥浆液，则这些有机物中的腐殖酸会与水泥水化生成的氢氧化钙发生反应，生成腐殖酸钙析出，附着于水泥颗粒表面，有碍水泥的水化，影响注入效果。

（2）地下水对注入效果的影响

① 含海水的地下水对注浆效果的影响。海水中含有氧化钠，氯化钠对水玻璃而言属于金属盐反应剂，因此，当向含海水的土层中注入碱性水玻璃浆液时，水玻璃和氯化钠反应生成白色混浊细微沉淀析出，结果使凝胶时间变短，同时使浆液的渗透能力下降。

对于水玻璃-水泥的碱性悬浊浆液而言，可能使浆液的凝胶时间变短，水泥硬化速度变慢，固结强度下降，但是对非碱性浆液的影响不大，所以在含海水的地下水的地层注浆时可考虑用非碱性浆液。

② 酸碱性地下水对注浆效果的影响。对于酸性的地下水而言,当使用碱性溶液型浆液注入时,会使浆液的凝胶时间变短;当注入碱性悬浊型浆液时,酸性地下水会妨碍水泥固化,耐久性下降;当注入非碱性浆液时,酸性地下水会使其凝胶时间变长,但不妨碍水泥的硬化,对耐久性的影响很小。

对碱性地下水而言,当注入碱性浆液时,凝胶时间变长;而对于非碱性浆液而言,凝胶时间变短,对水泥硬化的影响大。

2.2.2.2 工程周围环境的调查

工程周围环境调查内容和方法见表 2-1。

表 2-1 环境调查内容和方法

项目	具体调查对象	预计损伤	调查项目
既有地下管线	上下水管道、电力及通信电缆、气体管道等	钻孔时钻杆损伤埋设物,注入压力下埋设物变位、破坏,注浆液流入	位置、深度、规模及构造
既有建筑物及地下构筑物	建筑物、隧道、桥基等	注入压力致使构筑物变位、破坏,注浆液流入	埋入深度、规模、构造
地下水	井、河流、湖泊等	注浆液流入	分布、构造、深度、水质
动植物	树木、农作物、鱼等	注浆液黏附、动物食入	位置、种类、重要性、动物的生息
周围生活环境	占地情况、交通量、道路情况等	作业工期延迟、作业效率降低	道路的占用、交通导改、施工对周围居民生活的影响

2.2.3 注浆设计

根据调查与试验研究的结果进行下列设计:

(1)确定注浆目的和注浆标准;

(2)注浆有效范围的确定;

(3)浆液材料的选择;

(4)注入方式的确定;

(5)凝胶时间的确定;

(6)注浆段长与注浆孔、检验孔的布置;

(7)注浆压力、注浆速度的确定;

(8)注浆量的确定。

2.2.3.1 注浆目的和注浆标准的确定

注浆的主要目的包括止水、加固、止水和加固。虽然实际的注入效果,特别是在沙地层场合下,止水和地层加固是同时体现的,但是在注浆前必须明确注浆的主要目的。

注浆标准是指设计者要求地层注浆后应达到的质量指标。所用注浆标准关系工程量、进度、造价和工程安全。一般情况下,确定注浆标准可以说是确定注浆后要求地层岩土达到的渗透系数和强度。

防渗标准是指渗透性的强弱。防渗标准越高,表明注浆后地层的渗透性越弱,注浆质量也就越高,但是注浆的技术难度就越大,注浆工程量较大及造价较高。防渗标准不是绝对的,每个工程都应根据自身的特点通过技术经济比较确定一个相对合理的指标。

在沙或砂砾石层中,防渗标准多用渗透系数表示。对于比较重要的防渗工程,多要求把地层的渗透系数降低至 10^{-5} cm/s 以下,对临时工程或允许出现较大渗漏量而又不至于发生渗透破坏的地层,也有采用 10^{-6} cm/s 数量级的实例。在岩石地层中,我国多以单位吸水量 ω 为准则,在水利水电建设工程中多数为 0.01～0.03。

单位吸水量是用钻孔压水试验方法求得的,其计算式为:

$$\omega = \frac{Q}{LHt} \tag{2-16}$$

式中　　ω——地层的单位吸水量,L/(min・m^2);

　　　　Q——地层的总吸水量,L;

　　　　L——压水试验段长度,m;

　　　　H——压水压力,Pa;

　　　　t——试验时间,min。

2.2.3.2　注浆材料的选择

浆液材料的选择根据土质、注浆目的、地下水情况、周围环境条件、效果的期待度及供应成本等因素确定。各种注浆材料的基本性能指标见表 2-2。

表 2-2　各种注浆材料的基本性能指标

浆液名称	黏度	注入最小粒径/mm	最小渗透系数/(cm/s)	结石体渗透系数/(cm/s)	凝胶时间	抗压强度/MPa	注入方式	材料来源及成本
单液水泥浆	15～140 s	1	5×10^{-2}	$10^{-1}\sim10^{-3}$	6～15 h	10～25	单液	容易、便宜
水泥黏土浆液	15～100 s	1	2×10^{-2}	$10^{-1}\sim10^{-3}$	4～7 h	5～10	单液	容易、便宜
水泥-水玻璃浆液	20～140 s	1	3×10^{-3}	$10^{-2}\sim10^{-3}$	几十秒至几十分钟	5～20	双液	容易、适中
超细水泥	10～5 cP	0.1～0.2	$10^{-3}\sim10^{-4}$	$10^{-4}\sim10^{-5}$	20 s至几分钟	15～50	单液	不易、高
水玻璃类	3～4 cP	0.1	$10^{-4}\sim10^{-4}$	$10^{-4}\sim10^{-6}$	瞬间至几十分钟	<3	双液	容易、较高
铬木素类	3～4 cP	0.03	$10^{-3}\sim10^{-4}$	$10^{-5}\sim10^{-6}$	十几至几十分钟	0.2～0.8	单/双液	较容易、较高
脲醛树脂类	5～6 cP	0.06	$10^{-2}\sim10^{-3}$	$10^{-4}\sim10^{-6}$	十几至几十分钟	0.8～5	单/双液	较难、较高

表2-2(续)

浆液名称	黏度	注入最小粒径/mm	最小渗透系数/(cm/s)	结石体渗透系数/(cm/s)	凝胶时间	抗压强度/MPa	注入方式	材料来源及成本
聚氨酯类（PM型）	10~100 cP	0.03	10^{-4}~10^{-5}	10^{-5}~10^{-7}	几秒至十几分钟	0.5~4	单液	难、高
环氧树脂类	1~2 cP	0.02	10^{-4}~10^{-5}	10^{-6}~10^{-8}	5 min~24 h	10~35	单液	较容易、适中

（1）地质条件和注浆目的

根据地质条件,注浆材料的选择列于表2-3。

表 2-3　注浆材料与土质的关系

注浆材料	适宜的土质	注入形态
溶液型	沙土（沙和砂卵石）	渗透注入、劈裂渗透注入
悬浊型	黏土（淤泥黏土）	劈裂注入
	卵石层	填充注入和渗透注入

根据注浆目的,注浆材料的选择列于表2-4。

表 2-4　不同注浆目的时的材料选择

项目		基本条件
改良目的	堵水注浆	渗透性好、黏度低的浆液（作为预注浆使用悬浊液）
	渗透注浆	渗透性好、有一定强度,即黏度低的溶液型浆液
	脉状注浆	凝胶时间短的均质凝胶,强度大的悬浊型浆液
	渗透、脉状注浆并用	均质凝胶、强度大且渗透性好的浆液
	防止漏水注浆	凝胶时间不受地下水稀释而延缓的浆液,瞬时凝胶的浆液
综合注浆	预处理注浆	凝胶时间短、均质凝胶、强度比较大的悬浊型浆液
	正式注浆	与预处理材料性质相似的渗透性好的浆液
特殊地基处理注浆		对酸碱性地基应事先进行试验校核后选择注浆材料

（2）周围环境

根据周围环境选定浆液主要是考虑浆液对公共水源和植物的影响,最理想的标准是按表2-5的原则选择浆液。

表 2-5　周围环境对浆液材料选择的影响

浆液种类	周围环境
中性水玻璃粒状浆液	适用于周围环境要求浆液无毒的情况
其他各种浆液	周围环境对浆液毒性无要求的情况

中性水玻璃粒状浆液是对环境没有任何污染的浆液。一般情况下,针对不同的要求,可能还需要其他类型的浆液。通常在要求浆液无毒性的地区还可以考虑使用酸性水玻璃浆液、超细水泥浆液和硅粉浆液,其次可以考虑水泥浆液和水泥黏土浆液,最后在考虑高分子化学浆液时可选用硫木素,这些浆液虽然无毒,但是会对环境产生污染。

（3）强度

凝胶固结体强度较高的浆液包括单液水泥浆液,水泥-水玻璃浆液、以有机物为固化剂的水玻璃浆液、超细水泥类浆液、硅粉浆液。高分子化学浆液包括环氧树脂类浆液、呋喃树脂类浆液、甲凝、脲醛树脂和呋喃树脂等。

（4）耐久性

当注浆的目的是使隧道和地下工程抗渗,或当注浆固结体作为承重部分要承受长时间荷载作用时,就必须对注浆的耐久性有严格的要求。选材时,应该选用凝胶时间长、渗透性好、无硅石淋溶现象、凝胶收缩率小、凝结强度高的浆液,如中性水玻璃浆液、硅粉浆液及一些改性的浆液。

下面分析不同地层注浆材料的选择。

（1）砂砾石地层的注浆

砂砾石地基由于颗粒较粗,粒间孔隙尺寸较大,通常采用水泥浆或水泥黏土浆作为灌浆的主要材料。

然而实际中遇到的砂砾石地层的结构有时是相当复杂的,当砂砾石地层中细颗粒的含量较多时,细粒对整个砂砾石地层的渗透性能起控制作用。这时,这种细颗粒含量较多的砂砾石地层,就难以用普通的粒状材料浆液注入,而必须用超细水泥浆液、硅粉浆液等。

国内外一些注浆工程实践表明,在注浆初期砂砾的粒间孔隙尺寸较大,因此可以先采用水泥黏土浆注浆,随着注浆进展,浆液不断充填孔隙,孔隙尺寸逐渐变小,这时改用细的膨润土浆注入。当膨润土浆注不进时,再用超细水泥浆液、硅粉浆液注入。这样既能取得较好的注浆效果,又能降低造价。

（2）砂质地层的注浆

砂质地层的注浆,尤其是均质砂层的注浆,一般采用溶液型浆液渗透注入,如水玻璃类和高分子化学浆液,其中以水玻璃浆液最为经济。根据地层条件,一般宜采用酸性水玻璃浆液,这样能达到防渗和加固的目的,并能够长期稳定。

砂质地层往往是冲积形成的,有分层现象,各层的渗透系数不尽相同。当渗透系数相差较大时,为了尽可能保证注入的浆液扩散均匀,宜采用"短凝胶"法,即采用双液浆注入法,使胶凝时间控制在数分钟内。

（3）岩层断层的注浆

断层是岩体在构造应力作用下形成的断裂面。实践表明在绝大多数的岩基内部有腐殖层存在,只是数量和构造破坏程度不同。断层多数由破碎带、断层泥和影响带组成,其中破碎带位于中部,其两侧往往各有一层厚度很薄的断层泥,断层泥外侧则是断层影响带。

断层影响带内裂隙比较发育,裂隙自身的宽度也比较大,因此一般都可以用水泥浆液注入。而断层破碎带,由于其中含有断层角砾岩、糜棱岩和泥质填充物等,渗透性很弱,难以用水泥类浆液注入,而需要溶液型水玻璃浆液或超细水泥——水玻璃双液浆处理。

一般处理过程中首先用水泥类浆液处理影响带,然后再用溶液型水玻璃浆液或超细水泥浆-水玻璃双液注浆处理破碎带。所选浆液应具有黏度低和比较长的凝胶时间的特点,以保证能在弱渗透性破碎带中顺利注入。

(4)黏性土的注浆

黏性土注浆时,浆液很难通过渗透注入,因此需进行劈裂注浆。所选用的浆液一般是悬浊型浆液,如水泥浆、水泥-水玻璃浆液等。当然也可以用溶液型浆液,如水玻璃溶液型浆液进行劈裂注浆。最好的方法是进行二次注浆,一次注浆先使用水泥类悬浊型浆液进行劈裂注入;然后用水玻璃溶液型浆液进行渗透劈裂型二次注浆,一方面可以继续对黏性土进行劈裂注入,另一方面可以对一次注浆由于浆液收缩而产生的孔隙进行渗透。

(5)动水环境下的注浆

动水环境下注浆必须考虑动水流速的影响。

为了降低或消除动水的不利影响,应使注浆压力超过动水压力,其超过值越大,动水的影响程度越低。此外,要准确调节浆液的凝胶时间,在保证达到预期的扩散半径的情况下,最好在注浆过程中胶凝,尽量选择凝胶时间短的浆液,如水泥-水玻璃浆液和聚氨酯浆材。

2.2.3.3 注浆孔的布置

按注浆有效范围,注浆孔布置必须使各孔注浆范围相互交叉重叠,以防止出现"盲区"而影响注浆效果。

(1)注浆孔的间距

确定注浆孔间距要考虑既达到防水、加固等目的,又具有经济性。注浆孔的间距要适中,太小则需要很多注浆孔,虽然可靠性增强,但是不经济;太大又难以起到应有的效果。根据注浆目的、地质条件、效果、经济性等因素和以往类似工程经验,注浆孔间距参考数据如下:

① 止水的场合,注浆孔间距为 0.8~1.2 m;

② 地层加固的场合,注浆孔间距为 1.0~1.5 m。

另外,按注浆材料确定时,应按如下范围设置:

① 悬浊型浆液,间距为 1.0~2.0 m;

② 溶液型浆液,间距为 0.8~1.2 m。

在下列场合,注浆孔间距应选较小的:

① 斜注入和水平注入同时存在;

② 黏土中劈裂注入的场合。

(2)预注浆孔的布置

① 地面预注浆布置方式分为单排和多排。单排注浆孔布置时,各孔间距 D 与注浆半径 R 的关系式为 $D<2R$。多排注浆孔布置时,注浆孔采取梅花形排列。注浆孔布置实例如图 2-5 所示。

② 隧道工作面预注浆注浆孔的布置要根据注浆范围、注浆段长度、单个注浆孔的作用

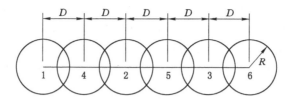

（a）单列注浆（D＜2R，R为注浆有效半径）

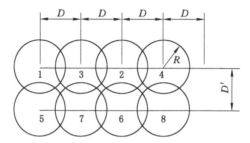

（b）双列注浆（长方形布孔，D＜2R）

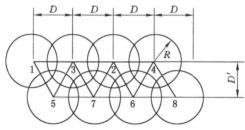

（c）双列注浆（三角形布孔，$D'=\dfrac{\sqrt{3}}{2}$）

图 2-5　地面预注浆布孔图

范围、岩层裂隙发育情况、含水层分布情况、毛洞断面面积和洞内钻孔作业现场条件确定。

　　为了使注浆钻孔能穿过较多的裂隙，注浆钻孔宜长短结合且呈伞形辐射状布置。鉴于岩层裂隙发育的不均匀性，钻孔布置应以含水层为主，但是同时考虑全断面布孔，以免出现"盲区"，造成开挖时出水。钻孔布置时按最不利条件布置，施工中要根据具体情况予以减少或增加。

　　注浆孔一般布置为双圈（内、外圈钻孔按梅花形排列）或三圈，但是当岩层裂隙不甚发育或一次开挖长度很短时，也可以布置为单圈。注浆孔的间距按注浆孔终端（孔底）的间距计算，一般孔底间距为 1.0～1.5 m。外圈注浆时孔底距毛洞边距一般相当于毛洞直径。

　　③ 隧道工作面预注浆注浆段长应满足以下要求。注浆段长是指一次的注浆钻孔长度。注浆段长应根据水文地质条件、钻注能力、材料消耗和施工进度等方面综合考虑确定。注浆段长划分原则：将裂隙性相同的岩层划分在同一个段长内，力求浆液均匀扩散。裂隙等级差较大的含水层，不宜划分在同一个段长内，以保证注浆质量和减少不必要的浆液浪费。一次注浆施工中，注浆段长不是一成不变的，需要根据地段的水文地质条件变动。遇到涌水量大、裂隙较宽的岩层、破碎带、断层时，注浆段长应较小。地质条件较好的地段，注浆段长可大一些。注浆段长应与注浆泵的供浆能力（泵量）相适应，与钻机在保证钻孔进度的情况下

的最大钻进能力相适应。

在隧道工作面预注浆中，一般来说，注浆段长与开挖轮廓线外注浆厚度的关系式为：

$$L = (3 \sim 5)D \tag{2-17}$$

式中　L——注浆段长，m；

　　　D——开挖轮廓线外注浆厚度，m。

注浆段长不宜太长也不宜太短。太长则注浆效果难以得到保证，容易引起塌孔、卡钻事故，且由于隧道洞内不开阔，钻孔和安装注浆管都不太方便。太短则影响注浆效率。如止水盘厚度与注浆段长之比会增大，导致钻孔重叠多，且为了使浆液到达长期注浆范围内，必须增大钻孔倾角，带来施工不便。实践证明每段取 50 m 是可行的。日本青函隧道，注浆段长取 70～80 m。欧洲注浆段长一般较短，如英国第二座达特福隧道（穿越泰晤士河），导洞通过淤泥、砂砾层时，注浆段长仅为 11 m。我国某大河流第一条水下公路隧道注浆段长为 40～50 m。因此，注浆段长应根据工程具体情况及经验而定。

（3）隧道工作面预注浆止浆盘的设计

止浆盘的作用是防止未注浆区的地下水涌向工作面及下一段注浆时跑浆、漏浆，保证下一段注浆时有一定的安全范围，便于下止浆塞，防止在钻进时孔口附近出大水而无法注浆。若地层为岩石层且岩石层不太破碎，可利用岩层作为止水岩盘。如岩层破碎，则需浇筑混凝土墙作为混凝土止水盘。若地层为沙土层，可考虑先注浆加固一段砂土层作为止水盘，或直接现浇混凝土或喷射混凝土施作止水盘。

止浆岩盘的厚度应根据岩石的抗剪强度和裂隙发育程度以及保证下一段注浆有设止浆塞的位置加以确定，防止在钻进时孔口附近出大水而无法注浆。止浆岩盘的厚度可参照式(2-18)计算。

$$B = \frac{P_0 D_0}{4[J]} \tag{2-18}$$

式中　B——止浆岩盘的厚度，m；

　　　P_0——注浆最大压力，MPa；

　　　D_0——注浆段隧道毛洞宽度，m；

　　　$[J]$——岩石或注浆加固砂土的抗剪强度，MPa。

岩石的允许抗剪强度见表 2-6。

表 2-6　岩石允许抗剪强度

岩石名称	极限抗压强度/MPa	允许抗压强度/MPa	允许抗剪强度/MPa
花岗岩	100～200	20～40	2～4
坚硬砂岩	100～150	20～30	2～3
中等硬度砂岩	60～100	12～20	1.2～2.0
致密石灰岩	80～120	16～24	1.6～2.4
孔隙性石灰岩	40～60	8～12	0.8～1.2
砂质页岩	30～60	6～12	0.6～1.2
泥质页岩	30～50	6～10	0.6～1.0
泥灰岩	20～40	4～8	0.4～0.8

2.2.3.4 注浆量的确定

为了准备注浆材料,根据工程地质、水文条件和注浆方案以及所选择的注浆材料进行注浆量的估算。总注浆量可采用下式计算:

$$Q = V\lambda = Vna \tag{2-19}$$

式中　　Q——注入预定地层范围内的浆液的量,m^3;

　　　　V——预定注浆范围内的地层总体积,m^3;

　　　　λ——注入率;

　　　　n——地层的间隙率;

　　　　a——地层的充填率。

单孔注浆量可采用下式计算:

$$Q' = \pi R^2 L\lambda = \pi R^2 Lna \tag{2-20}$$

式中　　Q'——单孔注入浆液的量,m^3;

　　　　R——浆液扩散半径,m;

　　　　L——注浆段长;

　　　　λ——注入率;

　　　　n——地层的间隙率;

　　　　a——地层的充填率。

第 2 篇

综合应用篇

3　立井过平顶山砂岩工作面预注浆

3.1　引言

　　近年来,随着煤矿立井的快速更替,水患灾害已成为威胁矿井建设的主要因素之一。随着矿井采掘向深部延伸,平顶山矿区深部立井建设任务不断增加,井筒施工的水害防治难度也进一步增大。受区域地层岩性、地质构造、地形地貌及水文气象等因素的综合制约,平顶山煤田深部区域的水文地质条件相对复杂,对立井施工影响较大的三叠系下三叠统刘家沟组砂岩和二叠系石千峰组平顶山砂岩的赋水条件也发生了较大变化。与浅部区域裸露或浅埋条件不同,深部区域刘家沟组砂岩和平顶山砂岩普遍隐伏于深厚第四系岩层之下,广泛接受大气降水的入渗补给,其水压、涌水量及径流强度等水文地质参数与浅部有较大差异,二者由浅部不含水或赋水性较弱转变为富水层段,由此导致平顶山及周边矿区深部立井建设的砂岩水害异常突出。已有井筒施工水害资料显示,立井施工过程中的主要水害发生于三叠系下三叠统刘家沟组砂岩和二叠系石千峰组平顶山砂岩的揭露过程中,二者属于孔隙～微细裂隙型含水介质,孔、裂隙网络发育但连通性较差,具有富水弱渗特点,即弱渗含水层。

3.2　水的存在形式

3.2.1　地表水

　　水在地表以上是以动态循环的形式存在的。冰雪融化、大气降水——→江河湖海——→水蒸气——→降雨,即冰雪融水和大气降水形成地表径流,再汇集于江河,最后汇流于湖海(液态)。在此过程中,水体受温度、地表散发、植物吸收等影响,散于空气中形成水蒸气(气态)。水蒸气在空中遇冷凝结形成降雨降雪重新回到地面,形成动态循环。

3.2.2　地下水

　　地下水是指赋存于地面以下岩石空隙中的水,狭义上是指地下水面以下饱和含水层中的水。从对人类生活生产活动的影响来说,地下水应包括地面表土及以下的所有水体。

　　地下水的来源均为地表水。地表水在动态循环过程中经过不同渠道进入地表以下。雨水、冰雪融化、地表径流、河流、湖泊、海洋等水流通过表土、岩石裂隙、地质构造等途径渗入地下。地下水是水资源的重要组成部分,由于水量稳定、水质好,是农业灌溉、工矿和城市的重要水源之一。但是在一定条件下地下水的变化也会引起沼泽化、盐渍化、滑坡、地面沉降等不利自然现象。

（1）通过表土渗入的水一部分由于太阳照射而蒸发；一部分被植物根系吸收；一部分由于下层土壤密实而形成地下径流（造成山体滑坡的主要因素），随地势在低洼处以泉水的形式回到地表；一部分继续下渗进入地底深处。地层条件不同时，会形成不同深度的地下径流，这也是流沙层的形成原因。

（2）通过岩石裂隙渗入的水一部分随着裂隙走向在低洼处以泉水的形式回到地表；一部分继续下渗到地底深处。在石灰岩中存在的地下水由于溶解作用，形成地下河，最终通过低洼处的出口回到地表。一部分水直接通过地表岩石裂隙随岩层进入地下深处。例如平顶山砂岩含水层、石灰岩含水层均属于地表露头补充水源。

（3）通过地质构造或裂隙带的渗水直接进入地层深部，水流进入的过程中通常会带入泥沙等物，最终形成构造带和裂隙带的填充物。采矿过程中遇到的导水断层及陷落柱，通常充填有泥状沉淀物。

地下水在没有外力扰动的情况下最终会处于相对静态平衡状态，即渗入水量达到地层饱和状态后不再接受渗水补充。处于静态平衡状态下的地下水系，由于其来源是地表水，因此水压随着地层深度的增大而增大。处于平衡状态下的地下水系，宏观来看可以看作开放的三维空间管状储水结构。

3.3 水害特点及其治理难点

立井施工揭露过程的水害特点及其治理难点主要表现在以下几个方面：

（1）施工掘进揭露的含水层涌水多数为孔隙、微细裂隙性渗漏，单点水量小，部分出水层段甚至明显表现出孔隙性渗水特点。由于出水点多、面大而导致掘进工作面实际揭露水量较大。

（2）立井揭露的主要砂岩充水含水层具有富水弱渗特点，含水渗流空间以高角度低张开度裂隙为主，与常规裂隙含水岩层所具有的良好裂隙开张性和裂隙网络连通性情况不同，该微细裂隙含水介质往往因其空隙狭小而连通性较好。

（3）平顶山砂岩具有高承压特点，注浆堵水情况下，承压水的"逆压阻渗"效应十分明显，由此增大了浆液渗透阻力，对浆液渗透扩散影响显著，增大了注浆泵压控制难度。

3.3.1 地下含水层的地质特性

矿井表土段所受的水害威胁主要包括地表水、地下表层水、流沙含水层、砾石卵石含水层及基岩风化带孔隙水。各地域地质水文情况不同，治理方法也不尽相同。

3.3.1.1 地下表层水

地表土层由于受植物根系、风化、水系活动及动物（含人类）活动的影响，相对松软，粒径间空隙较大，地表水极易渗入。无论是下渗或平渗，都会带走一部分土壤细微颗粒，同时土层会对渗流起到一定的过滤作用，这是一个相对的动态稳定过程（图3-1）。

地下表层水流的运动也遵循向阻力小的方向流动的基本规律，因此，水流在地下表层的流动中，一小部分携带土壤颗粒向下渗流，随着下部土壤密实度增加及土壤颗粒的沉淀，向下渗流的流量逐渐减小，从而在同一切面表层渗流逐渐增加，增加的流量更多地

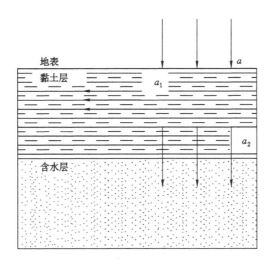

图 3-1　地表水渗流示意图

冲刷土层中的细微颗粒,致使此段地层逐步沙化、坍塌,在与地表径流共同作用下形成地表沟壑,严重的可在地表坡度急剧变化处形成流体切面,造成塌方或形成泥石流。但无论是原地层、水流携带的细微颗粒还是泥石流,最终沉降后都仍然形成新的稳定的地层结构。

图 3-1 中,$a=a_1+a_2$,a 为地表渗流量,a_1 为表土层平流量,a_2 为表土渗流量。

3.3.1.2　表土层深部含水

表土层深部含水的来源是表层水渗入、相连岩层裂隙水渗入和表层断裂带水渗入。水在土层内渗流过程中,和表层水一样带走和沉淀土层内细微颗粒,逐步形成砂层,并且砂层在水体流动过程中顶底板逐步扩大,最终在压力平衡作用下渐趋稳定,达到静态平衡。在不受外力扰动的情况下,流沙层以静态储水形式存在。流沙层均存在于河流冲积平原上,倾斜地层容易受到水蚀坍塌,不易形成流沙层(图 3-2)。

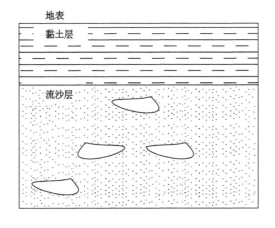

图 3-2　渗流稳定后的土体

3.3.1.3 基岩含水层

基岩含水层的形成条件有两个:岩体自身存在储水或透水裂隙和有补充水源。裂隙存在或者在成岩期间先天生成,或者是后期地质运动造成的。根据实际经验,基岩含水层一般为砂岩层。水源主要是上部渗入的和构造补水。原始状态下,岩层浸水饱和后达到静态平衡状态(图3-3)。

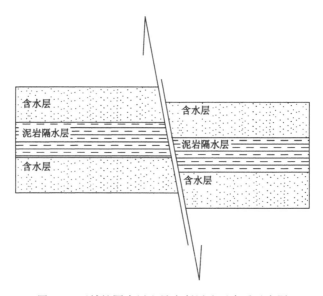

图 3-3　区域性隔水层和导水断层连通水系示意图

3.3.2 地下水对采矿活动的危害

人类采矿作业是从地表施工井巷到达矿脉进行开采作业。特别是煤矿,煤的生成地带均属于沉积岩,从地表向下地质年代逐层递增。建井及采矿过程中会遇到各种水害威胁,如地表水、地下表层水、砂岩水、灰岩水、断层水等。淹巷、淹井甚至因水害而造成矿井报废的事故时有发生。将煤矿中的水、火、瓦斯列为三大危害,其中水害居首。

平顶山砂岩含水层与其他砂岩含水层的赋水特征不同,平顶山砂岩中有微裂隙,纵向发育,在平顶山地区表现为北部山区露头,补水性强,因此在治理方式上稍有不同。但是平顶山砂岩含水层的治理方法适用于其他裂隙含水层。此处仅以对平顶山砂岩含水层的治理为例对立井井筒穿裂隙含水层的治理方法进行简要总结。

资料显示,基岩含水层利用地面帷幕注浆在山东、淮北、淮南等地区有成功经验,但是在平顶山矿区针对平顶山砂岩含水层效果不佳。近年来,平煤神马建工集团矿山建设工程有限公司建井三处在施工过程中摸索出了一套针对平顶山砂岩含水层的治理方法——工作面预注浆和壁后注浆相结合,配合井筒短段掘砌的施工工艺,取得了良好效果。在中国平煤神马控股集团有限公司四矿北山进、回风井筒,十矿新进风井井筒,首山新回风井井筒,首山明斜井,十三矿己五进风井井筒等工程的应用中,注浆封水率均达到95%以上,并形成了部级工法在国内推广应用。

3.4 水害治理主要方法及其特点对比

3.4.1 冻结法

3.4.1.1 施工原理

冻结法是利用人工制冷技术,使地层中的水结冰,把天然岩土变成冻土,提高其强度和稳定性,隔绝地下水与地下工程的联系,以便在冻结壁的保护下进行井筒或地下工程掘砌施工的特殊施工技术。最早用于俄国金矿开采,后由德国工程师用于煤矿矿井建设获得专利,技术趋于成熟,现在已广泛应用于地铁、深基坑、矿井建设等工程中。

利用人工设置的冻结管内循环冷媒剂,带走土体中热量从而形成强度高、密封性好的冻土,起到承受荷载和密封防水的作用。其适应性强、安全可靠、无污染,目前和其他方法相比造价略高。

3.4.1.2 施工方法

在井筒开挖之前,在从地面沿其外围一定距离的同心圆周上按等间距向下钻孔,孔底深入不透水层,然后向每个钻孔中沉放用无缝钢管制作的下端封闭的冻结管。在地面安装冷冻设备,以氨(NH_3)为制冷剂,将冷媒剂氯化钙($CaCl_2$)溶液(俗称盐水)冷却到 $-20 \sim -30\ ℃$,用循环泵和插至冻结管深处的聚氯乙烯供液管将盐水送入冻结管。经低温盐水长时间连续吸取管外的热量,使周围地层冻结。盐水吸取地层的热量后温度上升,在循环泵的作用下,经回路管回到冷冻设备和制冷剂接触而重新冷却。原为液态的氨,在减压的条件下蒸发时摄取盐水的热量后,经压缩和冷凝又使其液化,在管道内循环流动,重复使用。在每一根冻结管周围形成的冻土圆柱体,其直径随时间增大,这些圆柱体互相交接成密实且闭合的冻土墙,能承受水、土压力并阻隔地下水,在它的保护下开挖地层和修筑衬砌。

采用冻结法施工时,必须根据施工进度、冻土墙的需要强度、开挖顺序等确定冻土墙的厚度、冻结管群的间距与行数,以及其长度、冻结顺序和解冻顺序等,从而选择必要的冻结设备。还必须制订施工中的测定温度计划。根据测定结果,以连续或间断的供冷方式保持冻土墙的冻结状态。同时研究地层冻结时的膨胀和解冻时的下沉情况,预先制定测定方法和对策。此外,在施工地下构筑物时,必然要在接近 $-5 \sim -10\ ℃$ 的冻面处灌筑混凝土,因此最好采用低温早强混凝土,否则要埋设加热器或敷设绝热材料,以减少冻土墙对混凝土的影响。地下构筑物完成后,要对冻结的地层进行均匀且连续的解冻,对埋深不大的地下工程,可停止供应盐水,令其自然解冻。如埋深很大,利用供应温度逐渐提高的盐水进行人工解冻。此外,各国还有用液态气体蒸发制冷的。进行冻结时,只需用储气罐将液态氮运至工地直接注入冻结管,但是其缺点是液态氮使用不安全,有一定的危险性。

冻结法既适用于松散不稳定的冲积层和裂隙发育的含水岩层,也适用于淤泥、松软泥岩以及饱和含水和水头特别高的地层。但是对于土中含水率非常小或地下水流速较大的处所不适用。1883 年德国最早采用冻结法开凿竖井,随后比利时、荷兰、英国、波兰、美国、加拿大等国也主要采用此方法开挖竖井。近 30 年来,冻结法除广泛地应用于矿山井巷工程以外,还应用于修建地下铁道车站、自动扶梯斜隧道、地下洞室以及桥墩的深基础等工程。我国于 1955 年首次在开滦林西煤矿应用此方法开凿风井。资料显示,目前国内最大冻结深度为 545 m(2010 年开工建设的平煤神马梁北二井煤业有限公司的副井井筒)。

3.4.2 钻井法

钻井法是指利用大型钻井机直接钻凿立井的方法,从小到大分次或一次钻凿出设计要求的井筒。在钻进的同时利用循环泥浆冲洗钻具、带出岩屑,并借助泥浆的静压力隔绝地下水渗漏及保护井帮防止其塌落。钻至设计深度后,提起钻具再下沉井壁和壁后充填。此方法适用于在各种复杂的地层中凿井。

钻井法凿井是一种安全可靠、成本低、质量好的煤矿大直径井筒施工方法,机械化程度很高,尤其适合于深厚含水冲积层的井筒施工,其全部工程(包括地层冻结法的地层改性、挖掘、矸石提升和井筒支护等)在地面操作,工人无须下井,改善了劳动条件,无职业病危害。

3.4.3 地面帷幕预注浆法

地面帷幕预注浆法是在井巷开凿前,在地面井巷开凿荒断面以外一定范围内布置钻孔,对地下含水层进行注浆,浆液进入含水裂隙凝固后封堵透水裂隙,在井巷开挖断面以外形成堵水帷幕,从而保证井巷安全施工的注浆技术。其技术路线与冻结法相似。

地面帷幕预注浆法属于主动防治技术,使用的材料主要有黄泥浆、水泥浆,也可以在浆液中掺入其他膨胀性材料以提高封堵效果。

从微观上分析,注浆堵水的原理是向透水通道中压入液态可塑性材料,材料凝结后形成一定强度,堵塞透水通道,从而在开挖井巷断面外围形成不透水帷幕,保证井巷安全施工。同时由于土层或破碎带具有一定的可缩性,注入流体在高压作用下,同时对土层或破碎带形成横向挤压作用,可使土层或破碎带更加密实,达到封水效果。因此,在土层或破碎带注浆过程中,注浆材料的凝结和注浆压力的横向挤压是同时作用的。

水害治理的主要方法及其特点对比见表 3-1。

表 3-1 水害治理主要方法及其特点对比

工艺名称	工艺特点	优缺点	
		优点	缺点
冻结法	采用人工制冷技术,使地层中的自由水冻结,在井巷开挖断面外围形成封闭的冻结壁,以抵抗地压并隔绝地下水与井巷的水力联系,在冻结壁的保护下进行掘砌作业	1. 冻结壁形成后,隔水效果好; 2. 冻结温度可控,能够根据掘进进度调整冻结壁温度; 3. 冻结和掘砌可平行作业	1. 钻孔在基岩中钻进时易发生偏斜; 2. 冻结前期准备工作用时长,在用设备较多,占地面积大; 3. 造价相对较高; 4. 解冻过程中井壁易发生变形破坏

表3-1(续)

工艺名称	工艺特点	优缺点	
		优点	缺点
钻井法	使用专用钻井设备,从地表向下一次钻孔成井	1. 投入人员、设备少; 2. 避免人员入井作业,改善职工劳动环境,降低职工劳动强度; 3. 钻井及成井期间泥浆护壁,有效阻止了地下水的渗流	1. 钻进、成井速度慢; 2. 由软岩进入硬岩或由硬岩进入软岩的钻进过程中,由于受到岩层反作用力作用,钻孔易偏斜; 3. 地面需要建立泥浆循环处理系统,占地面积大,且对环境有一定污染
地面帷幕注浆法	在井巷开挖荒径以外在地表造孔,沿孔注入骨料或凝结材料堵塞透水裂隙,在开挖断面以外形成隔水帷幕,在隔水帷幕保护下掘砌	1. 注浆工作先期施工,不占用掘砌工作工序时间; 2. 注浆材料大部分使用黄泥浆,造价相对较低	1. 造孔注浆工期较长; 2. 在基岩中钻进钻孔易偏斜; 3. 针对细微裂隙的效果不佳

3.4.4　工作面预注浆和壁后注浆法

工作面预注浆的前提是认真分析水文地质资料,在工作面距预计含水层位置20 m时,对含水层布孔钻探,探明含水层位置及赋存状况,根据含水层情况及上覆岩(土)层性质,确定合适的注浆位置。一般以止浆垫厚度为参考选择注浆工作面位置。

注浆工作面位置选择是工作面预注浆成功的关键。① 要保证工作面所处岩石层位较稳定,适合安装孔口管,且孔口管长度与将要执行的注浆压力相适应;② 注浆工作面距含水层距离要恰当,注浆段距要与短段掘砌段距相匹配;③ 要考虑下一段含水层注浆需要。

工作面预注浆和壁后注浆在表土段施工时,由于表土土层强度较低,不能有效抵抗注浆压力,需要在注浆工作面铺设混凝土层,因此工序相对复杂,工期相对较长。

3.5　水害治理注浆原理

水体在砂岩层中的存在形式一般以裂隙或空隙充填的形式存在,在含水揭露以前,岩层中的水体处于静态平衡且恒压状态,水压与相联系的水头高度有关(图3-4)。

3.5.1　注浆浆液运动原理

注浆期间,浆液在注浆泵作用下通过浆液输送管、孔口管进入岩石裂隙。根据力学平衡理论,注浆泵的压力通过浆液传递,作用在岩石裂隙孔壁及裂隙内贮存水体上。同时,岩石裂隙孔壁及裂隙内贮存水体也对高压浆液产生反作用力,反作用力的显现反映在孔口管与岩壁之间的摩擦力上。因此,孔口管的耐压值取决于孔口管的长度、固管材料的抗剪力以及固管位置岩石的抗剪强度。随着注浆浆液的压入,水体压力逐渐增大,反作用力也逐渐增

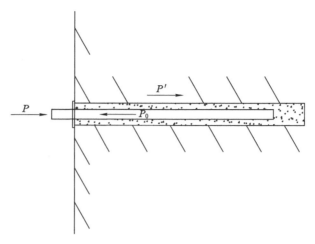

图 3-4　注浆孔口管在岩层中的受力示意图

大,需要增大泵压以保持注浆浆液的渗透,最终在压力平衡状态下,浆液水化凝固,堵塞裂隙通道,达到堵水目的。

　　岩层内含水裂隙可视为不规则的水体通道,注浆浆液通过孔口管进入裂隙后首先与水体接触,在交界面上被水体稀释,在一定距离内形成稀释带。后续不断注入的浆液在稀释的同时,压迫水体退向裂隙深部,浆液从孔口管逐渐向裂隙内部扩散形成充填带(图 3-5)。注浆材料的强度和水灰比有关,因此浆液是按照科学比例配制而成的,受到稀释的浆液凝固时间长,凝固后强度较小。

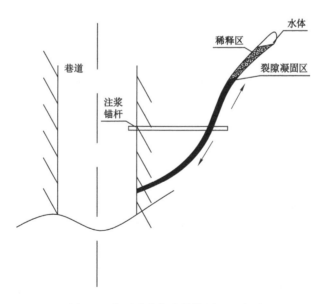

图 3-5　岩石裂隙浆液扩散原理示意图

3.5.2 探水、注浆孔口管安设

在正常的防治水工作中,井筒掘进至含水层 20 m 左右时必须进行钻探,探清含水层赋存状况,以便于进行针对性治理。当探水钻孔揭露含水裂隙时,即破坏了含水层的原始赋存状态,承压水从钻孔溢出,形成压力水。水的压力随着含水层深度的增加而增大。一般措施规定:当钻孔单孔出水量大于 5 m³/h 时必须注浆封闭。因此,相关防治水细则规定:探水钻孔必须埋设孔口管,且孔口管必须进行耐压试验,耐压值必须满足注浆压力要求。一般要求注浆终压达到原始水压的 2 倍以上,因此,孔口管耐压值要达到原始水压的 2～4 倍方可满足注浆需要。为保证孔口管抗压效果,可以采用增加孔口管长度、使用高强材料封孔等方法达到预期要求。

3.5.3 固管材料长度计算

孔口管的耐压值与固管材料、孔壁岩性的抗剪强度有关。

(1)若固管材料凝固后的抗剪强度小于围岩的抗剪强度,孔口管所受最大摩擦力为:

$$F' = P' \cdot S' \tag{3-1}$$

式中　F'——孔口管所受最大摩擦力;

　　　　P'——固管材料凝固后的抗剪强度;

　　　　S'——孔口管外壁的表面积。

(2)若固管材料凝固后的抗剪强度大于围岩的抗剪强度,孔口管所受最大摩擦力为:

$$F' = P' \cdot S' \tag{3-2}$$

式中　F'——孔口管所受最大摩擦力;

　　　　P'——围岩的抗剪强度;

　　　　S'——围岩内壁的表面积。

(3)由孔径或孔口管管径即可计算一定注浆压力下需要的固管长度。

设孔或孔口管半径为 r,则有:

$$F' \geqslant F \tag{3-3}$$

$$F = P \cdot \pi r^2 \tag{3-4}$$

$$F' = P' \cdot S' = P' \cdot 2r\pi L \tag{3-5}$$

$$P' \cdot 2r\pi L \geqslant P \cdot \pi r^2 \tag{3-6}$$

$$L \geqslant rP/2P' \tag{3-7}$$

式中　L——孔口管长度;

　　　　P'——围岩固管材料抗剪强度;

　　　　P——最大注浆压力;

　　　　R——孔径或孔口管半径。

若钻孔为穿层钻孔,孔口管长度为各层累计之和。

3.6　工作面预注浆基本流程

工作面预注浆是在竖井或隧道掘进作业时在作业面的周边设置注浆孔,将胶结材料

注入地层,待浆液胶结、硬化后,在隧道或竖井的周围形成隔水帷幕,改善被注地段的施工条件后再进行掘进作业,达到堵塞水流、加固围岩的目的所进行的注浆。

3.6.1 预注浆施工操作

3.6.1.1 注浆工艺流程

注浆有单液注浆和双液注浆两种,双液注浆又分为双液单注和双液双注两种。注浆工艺流程如下:单液注浆法是将注浆材料全部混合搅拌均匀后用一台注浆泵注浆,该方法适用于凝胶时间大于 30 min 的注浆。双液单注法是用两台注浆泵或一台双缸注浆泵,按照一定比例分别压送甲、乙两种浆液,在孔口混合器混合后再注入岩层,浆液凝胶时间相比单液注浆法缩短些,为 20~600 s。双液双注法是将两种浆液通过不同管路注入钻孔,使其在钻孔内混合,这种方法适合于胶凝时间非常短的浆液,将甲、乙浆液分别压送到相邻的两个注浆孔中,然后进入岩层或砂粒之间孔隙混合成凝胶。

3.6.1.2 注浆施工程序

注浆施工必须以注浆设计为基础,根据注浆工艺流程和施工现场具体情况安排施工程序。常见的注浆施工程序如图 3-6 所示。

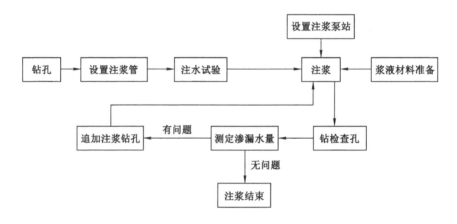

图 3-6 注浆施工程序

3.6.1.3 注浆施工操作

(1)钻孔

一般情况下,对设计的注浆孔分三批钻进:第一批钻孔间距可大些,第二批钻孔间距小些,最后钻检查孔。开孔时,要轻加压、慢速、大水量,防止把孔开斜,钻错方向。钻孔过程中应做好钻孔详细记录,如取岩芯钻进,应记录岩石名称、钻具尺寸、钻进进尺、起止深度、变径位置、岩石裂隙发育情况、出现的涌水位置及涌水量、终孔深度等。并注意钻孔速度和涌水情况,由此判断岩石的质量。如遇断层破碎带或软泥夹层等不良地层,为了取得准确且详细的地质资料,可采用干钻或小水量钻进、双层岩芯钻进。在采用多台钻机同时钻井时,要根据现场条件和注浆设备能力,做好钻井和注浆平行作业的协调。多台钻机同时钻进时,要对钻孔施工进行合理编组,按设计注浆孔的孔位、方向、角度、开孔时间先后错开,避免注浆时串浆,并做好预防串浆的措施。

（2）测定涌水量

当钻孔过程中遇到涌水时应停机,测定涌水量,以决定注浆方法,解决涌水问题后继续施工。

（3）设置注浆管

根据钻孔出水位置和岩石质量确定注浆管上的止浆塞在钻孔内的位置。止浆塞应设置在出水点处岩石较完整的地段,以保证止浆塞受压缩产生横向变形与钻孔密封。如果止浆塞位置不当,或未与钻孔密封,不但浆液会外漏,而且会把注浆管推出孔外,造成事故。

（4）注水试验

注浆前利用注浆泵压注清水,经注浆系统进入受注岩层裂隙进行注水试验,主要目的:检查止浆塞的止浆效果;把未冲洗干净还残留在孔底或黏滞在孔壁上的杂物推到注浆范围以外,以保证浆液的密实性和胶结强度;测定钻孔的吸水量,进一步核实岩层的透水性,为注浆选用泵量、泵压和确定浆液的配合比提供参考数据。注水时要注意注入量、注入压力应从小到大,压水时间视岩石裂隙状况而定,大裂隙时短一些,中、小裂隙时适当长一些。

（5）注浆

采用水泥-水玻璃浆液时,一般采用先单液后双液,由稀浆到浓浆的交替方法。要先启动水泥浆泵,用水泥浆把钻孔中的水压回缝隙,再启动水玻璃泵,进行双液注浆。注浆初期,孔的吸浆量大,采用水泥-水玻璃双液注浆,缩短凝结时间,控制扩散范围,以降低材料消耗和提高堵水效果。注浆后期可采用单液水泥浆,以保证裂隙充堵效果。对于裂隙不太发育的岩层,可单用水泥浆,但浆液不宜过稀,水灰比以 2:1～1:1 为宜;注浆压力要稍高,以便脱水结石。当进浆量和注浆压力达到设计效果时可停止注浆,压注一定量的清水,然后拆卸注浆管,用水冲洗各种机械进行保养。

3.6.2　预注浆异常现象处理

注浆压力突然升高时,应停止水玻璃注浆泵,只注入清水或水泥浆,待泵压恢复正常时再进行双液注浆。由于压力调整不当而发生崩管时,可只用一台泵进行间歇小泵量注浆,待管路修好后再进行双液注浆。当进浆量很大,压力长时间不升高,发生跑浆时,应调整浆液浓度及配合比,缩短凝胶时间,进行小泵量、低压力注浆,使浆液在岩层裂隙中停留时间更长,以便凝胶。有时也可以注注停停,但停注时间不能超过浆液的凝胶时间,当必须停较长时间时,则先停水玻璃泵,再停水泥泵,使水泥浆冲出管路,防止管路堵塞。

3.6.3　注浆效果检查

注浆后,为检验注浆堵水效果,在毛洞范围内钻 3～5 个检查孔取岩芯并测定渗漏水量。当在坚硬岩石中钻孔时渗漏量达到 0.4 L/(min·m) 或某处为 12 L/min 以上时,则应追加注浆钻孔,再进行注浆,直至达到小于上述指标为止。

3.7 立井过平顶山砂岩工作面预注浆施工工艺

3.7.1 施工方案及创新点

3.7.1.1 施工方案

注浆堵水是平顶山矿区已建、在建立井过含水层施工的主要技术手段,在已有的工程实践中普遍采用了工作面预注浆+壁后注浆等注浆工艺,既积累了丰富的施工经验,又发现了大量有待解决的技术难题。

平煤神马建工集团矿山建设有限公司建井三处注浆队在施工十矿三水平北二进风井井筒,过平顶山砂岩富含水层时遭遇了较多防治水问题。根据平顶山砂岩段的特殊性,建井三处注浆队采取有针对性的注浆方案和工艺技术,达到了综合防治水目的。

建井三处注浆队结合十矿现场施工条件,利用"查、探、堵、截、疏、排、防、躲"等综合防治水措施解决了进风井穿越平顶山砂岩富含水层施工的突水问题,以及消除了井筒井壁淋水对井壁质量和后续工程造成的严重影响,既保护了井下水资源,又改善了现场作业环境。

建井三处注浆队结合现场实际情况,主要研究了建井初期和新水平初建时期在永久排水系统无法形成的情况下,立井井筒如何快速通过有极大突水危险性的富含水平顶山砂岩层,即注浆钻孔尽可能少,注浆时间尽可能短;利用双浆液把裂隙极发育且连通性好的富含水砂岩层中的裂隙、孔隙充填饱满,与岩层固化成密实整体,形成一道坚实的隔水帷幕,把涌水隔离在井筒周边 5 m 范围以外。井筒掘砌后,当局部井壁渗水时,可采用壁后注浆封堵,从而达到综合防治水的目的。其核心部分是利用 4～6 MPa 高压水泥+水玻璃浆液强制置换出壁后岩层缝隙内的水并与井筒井壁固结成一体,同时在井筒周边 5 m 范围内形成一道隔水帷幕,把水控制在井筒周边 5 m 范围以外,改变水流方向,达到根治井筒淋水的目的,既加快了施工速度,又确保了井筒井壁质量,从而使井筒施工安全快速地通过该砂岩富含水层。

3.7.1.2 创新点

根据现场情况建井三处注浆队采取了以下施工技术:

(1)根据平顶山富含水砂岩层竖直裂隙发育特点,增加裂隙内"吃浆量",增强堵水效果,工作面注浆孔采取径向切线布置,外圈孔顺时针方向布置,内圈孔逆时针布置,径向夹角为 25°～30°,以此穿透 3～4 层竖直裂隙层。注浆时确保裂隙层连通性好,通过 8～12 MPa 注浆高压使岩层裂隙内吃浆量饱满、充分,把井筒外 5 m 范围内裂隙水全部置换出去,并固结成整体,达到治水目的。井筒壁后注浆利用注浆泵加压至 4～6 MPa,针对平顶山砂岩层裂隙发育特点布密孔,施工倾斜孔,与井壁夹角控制在 3°～5°,以确保注浆效果。

(2)预注浆钻孔采取分段循环的注浆方式。为控制单孔进浆量,同时确保注浆效果,造孔注浆以井筒中心为基点,钻完一个孔后旋转 180° 对称钻另一个孔。先钻最外圈孔,接着钻内圈孔,最后钻中心孔与检查孔。

(3)过平顶山砂岩极富含水层时采用普通注浆法注浆,该方法的应用设备简单,实际操作性强,节省材料,能缩短工期,最主要是安全可靠。注浆封孔采用自主研发的发明专利——可伸缩型注浆专用封孔器进行操作。

3.7.2　可伸缩型注浆专用封孔器

（1）技术领域

本发明是一种矿井防突、防治水综合系统装置，是一种用于抽放瓦斯、煤体注水及注浆堵水的伸缩型抽放封孔器。

（2）技术背景

在矿井施工及生产过程中，经常会在井筒、大巷、硐室等工作面遇到突出煤层和含水岩层。为了防治煤与瓦斯突出，预防岩层透水淹井，针对防突、防治水的具体情况，需要进行抽放煤层瓦斯、向煤层中注水释放瓦斯、过含水层中导水、注浆堵水等工作，从而实现矿山安全生产，提高工作效率，预防事故发生。目前用于瓦斯抽放、煤体注水及注浆堵水的封孔方式主要有两种：一种是将抽放管插入抽放孔内，采用黄泥、水泥砂浆或化学材料将抽放管周围密封，这种密封方法操作复杂、工序较多、封孔质量不高且缺乏灵活性；另一种是采用封孔器，虽然具有封孔工艺简单、快捷、可重复利用等优点，但也存在价格高、易损坏、对封孔段的钻孔质量要求较高，要求钻孔无变形、无塌陷，而且封堵效果不好，不严密，或者初期封堵较好而后期较差等。

（3）发明内容

为解决现有技术中的不足之处，提出了一种结构简单、使用方便、工作效率高、成本低、安全可靠、封堵效果好的伸缩型抽放封孔器。本发明采用如下技术方案：伸缩型抽放封孔器，包括抽放管，所述抽放管外部套设有同轴的封孔管，抽放管大于封孔管长度，封孔管至少设有 2 根，封孔管两端均设有堵板，封孔管之间设有同轴的圆柱形气囊，抽放管穿透堵板、气囊并与其旋转配合连接，封孔管端头的堵板外侧于抽放管上设有压紧装置。

① 所述压紧装置包括与抽放管螺接的螺母，螺母与其临近的堵板之间于抽放管上安装有推力轴承。

② 所述抽放管上径向设有凸出于封孔管外壁的挡杆。

③ 所述气囊内在抽放管上安装同轴的平垫。

④ 所述抽放管上在压紧装置相对的一端同轴固定设有圆形挡板，抽放管上在挡板与其临近的封孔管之间设有圆柱形气囊，该气囊内在抽放管上安装同轴的平垫，该气囊和挡板与封孔管外径尺寸一致。

采用上述结构，插进操作压紧装置，封孔管端部的堵板挤压其间的圆柱形气囊，气囊径向膨胀与抽放或注水、注浆孔紧密配合，达到严密封孔的目的；压紧装置采用螺母和推力轴承，结构简单，操作简便，压紧程度可逐步推进，达到更好的密封效果。在用扳手操作螺母时，挡杆可起到防止抽放管与螺母同时旋转的作用。平垫可防止圆柱形气囊压缩过度，起到缓冲作用。抽放管上在相对压紧装置的一端设有圆形挡板、气囊及平垫，这样的设置可加大封孔的紧密度。本发明结构简单、制造安装简便、操作方便，可通过自身构配件尺寸的改变，适合不同孔径的抽放或注液，解决了管路裂纹、漏风、漏液甚至断裂等问题，在延长主体装置寿命的同时缩短了工作时间，提高了工作效率，减少了抽放次数，降低了维护工作量和成本，抽放或注液速度快，复用率高，易于维护，确保了抽放或注液的质量与安全性（图 3-7）。

图 3-7　可伸缩型注浆专用封孔器

3.7.3　注浆施工及关键技术

　　立井井筒工作面超前预注浆,是在实际综合防治水施工中摸索出来的一套有效充填裂隙、孔隙的成功水患治理技术,其核心内容是利用 8～12 MPa 高压水泥＋水玻璃浆液强制置换出岩层缝隙内含水并固结成一体。同时在井筒周边 5 m 范围内形成一道隔水帷幕(图 3-8),把水控制在井筒周边 5 m 范围以外,改变水流方向,达到根治井筒涌(淋)水的目的,既加快了施工速度,又确保了井筒井壁质量,为后续工程安全、快速施工提供了非常有利的条件。

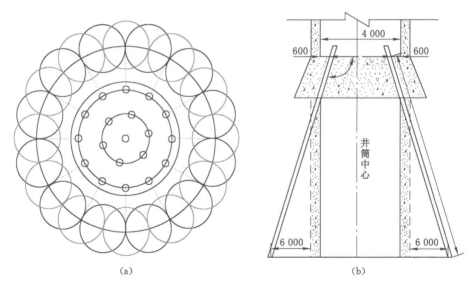

图 3-8　井筒预注浆孔布置及帷幕扩散示意图

　　注浆段(平顶山砂岩段):井深 338.3～430.4 m,注浆段高 92.1 m,是本次重点注浆段。在平顶山砂岩段富含水层施工过程中,由于井筒淋水较大,浇筑混凝土时井壁失浆过多,造成井壁接茬和部分井壁质量差,井壁承受不了压力,注浆困难。因此,先在该含水层上方施工注浆孔,形成帷幕隔水段,截断岩层涌水,沿壁的后空隙串通,将涌水控制在泥岩层以上,以此实现"循环注浆、短掘短注"。平顶山砂岩段注浆布孔方式主要采用"三花"密孔、切线 (螺旋)孔注浆,壁后注浆先下行、后上行,使用特制加长注浆管,利用从内向外返浆的特点进行注浆堵水。平顶山砂岩全段注浆造孔采取垂直于井壁和切向注浆孔相结合,均匀布孔,确保注浆堵水效果。

根据以往注浆经验,壁后注浆封孔压力控制在 $4\sim6$ MPa,预注浆压力为 $8\sim12$ MPa。该项注浆技术钻孔布孔少,施工工期短,效果好,安全可靠,为井筒安全、快速、高效治水施工提供了一定的成功经验。

预注浆施工工艺:工作面预注浆前,在工作面预留止浆岩帽或者铺设止浆垫;对施工注浆钻孔质量要求较高,相对精准,孔深 $\leqslant 25$ m。预注浆钻孔孔底间距控制在 3 m 以内。要求钻工严格按照设计左右偏角和俯角施工注浆钻孔,最大误差 $\leqslant 1°$,上钻时必须用定位线定位,不得凭个人眼力定位。

具体工艺为:按照设计位置进行布孔——施工探水注浆孔——起钻安装注浆专用封孔器——球形阀及注浆管路的安装——压水试验——注浆(单液——双液——单液——双液——封孔)——挂牌管理。

浆液在岩层的裂隙中运移——凝胶——固结阻断水运移的通道,达到止水的目的。本工程注浆堵水工艺就是利用双液的几秒到几十秒的速凝性可控特点来进行注浆截水,在井壁及近井壁的岩层中形成一道帷幕,截断裂隙水涌入井筒通道,达到堵水目的。

3.8 典型工程应用实例

平煤神马建工集团矿山建设有限公司建井三处先后在以下工程施工中采用井筒工作面预注浆快速揭过极富砂岩裂隙含水岩层:

2004 年 12 月至 2005 年 5 月,平宝首山一矿主井井筒顺利通过平顶山砂岩层;

2005 年 2 月至 2005 年 7 月,平宝首山一矿副井井筒顺利通过平顶山砂岩层;

2006 年 10 月至 2007 年 2 月,平煤集团四矿三水平副井井筒顺利通过平顶山砂岩层;

2009 年 4 月至 2009 年 9 月,平煤集团四矿三水平回风井井筒顺利通过平顶山砂岩层;

2012 年 6 月 2 日至 2012 年 10 月 3 日,平禹九矿主井井筒顺利穿过煤系地层顶板砂岩富含水层;

2013 年 9 月至 2014 年 11 月,平煤集团十矿三水平北二进风井井筒注浆顺利通过。

十矿三水平北二进风井井筒含水砂岩层属于石千峰及平顶山砂岩层富含水层,打钻过程中水压大、顶钻、夹钻,若采用正常单一机械排水,每次至少需要将近一个月时间,采用立井工作面预注浆最多需要 15 d 即可完成。注浆前涌水量最大时达到 195 m^3/h,治水时采用立井工作面预注浆后,实现了快速、安全地揭过平顶山砂岩层。

3.9 主要创新技术

预注浆加固使浆液强制置换出裂隙内含水,确保施工安全。后注浆浆液渗透进入井壁壁后孔隙、裂隙并与井壁固化成一个整体,同时在井筒周边 5 m 范围内形成一道隔水帷幕,把水控制在井筒周边 5 m 范围以外,改变水流方向,达到根治井筒淋水及加固、增厚井壁的目的。该技术适用于多种形式下的立井井筒穿过富含水砂岩层、裂隙含水岩层段、不稳定的松散岩层段、流沙层段、老空区、砾石层段、过煤段等进行封闭井壁淋水及井壁后加固注浆。

（1）预注浆实现了动态注浆设计，即利用前期工作面探水孔探明地质情况和涌水量变化，进行分区定位，确定预注浆重点范围，再通过外圈注浆改变岩层内透水性，使井筒周边岩层中水量得到有效控制，然后按照前期设计实现基本区域注浆加固，并对局部区域进行补强注浆。

（2）注浆孔布置采取水平切线孔，360°对称布孔，同时使用四台注浆设备对称注浆。

（3）预注浆采取分段循环注浆方式，实施注浆孔挂牌管理，实现井筒工作面短注短掘。

（4）严格控制注浆顺序及注浆过程，按照"先外圈后内圈、同圈孔间隔"的顺序进行注浆，后续注浆孔兼作前续注浆孔的注浆效果检查，通过加强单孔注浆过程控制，达到整体注浆效果。

4　立井壁间及壁后注浆

4.1　引言

随着煤矿法律法规的健全,综合防治水与水患灾害是当前各级安全机构要抓的头等大事。矿井水害治理工作应坚持预防为主,防治结合的方针。为了防止防治水工程零敲碎打,无法取得良好的效果,应在调查矿区和矿井水文地质条件的基础上,按照当前与长远、局部与整体、地面防治与井下防治、防治与利用相结合的原则,根据不同的水文地质条件,分别采取防、疏、堵、截的方法,予以防治。同时要在整体规划的基础上,根据轻重缓急抓好当前的防治水工作,严格检查,堵塞漏洞,防患于未然。立井井筒壁后注浆是在井筒施工过程中或施工后,由于浇筑好的井筒井壁漏水较大,施工困难或不符合验收规范和质量标准而进行的注浆堵水和井壁加固工作。在工程实践中壁后注浆技术常用于:井筒穿越富含水层、含水层砌筑后井壁淋水大于 6 m³/h;井壁有集中出水点,涌水较大;复合井壁夹层需要注浆加固以防冻融出水;钻井井壁需要壁后注浆充填,以防井壁透水;井壁破碎并有淋水,需要注浆加固以提高井壁的阻水性;立井井壁塌落片帮形成壁后空洞,需要壁后注浆进行充填等情况。如何在立井井筒竣工后,井壁渗、漏水现象严重,给后续工程安全施工造成严重影响的情况下,进行注浆堵水和井壁加固,一直是全国建井行业共同探讨的技术课题。

根据《煤矿防治水细则》和《煤矿安全规程》要求,平煤神马建工集团矿山建设工程有限公司建井三处先后在四矿三水平进回风井井筒、十矿三水平进风井井筒、甘肃省平凉五举煤矿副井井筒、河北省唐山铁矿主副风井井筒、十三矿东翼通风系统改造新进风井井筒、梁北二井主副井井筒、夏店矿副井井筒等中采用了壁后注浆等综合防治水措施。

4.2　立井壁后注浆基本原理

针对立井井筒施工(落底)后井壁渗水量较大,给后续工程安全施工造成严重影响,或不符合验收规范和质量标准而进行的注浆堵水和井壁加固,其实质是通过壁后注浆用浆液以充填、渗透、置换等形式驱走岩层裂隙、孔隙中含的水,达到封堵裂隙、隔绝水源及加固井壁的目的,从而起到永久性堵水与加固作用。该技术适用于多种形式下的立井井筒穿越富含水砂岩层、裂隙含水岩层段、不稳定的松散岩层段、流沙层段、砾石层段进行封闭井壁淋水及井壁后充填加固。

井筒地面预注浆,是在井筒开凿之前,从地面围绕井筒的四周钻进一些注浆孔,到裂隙含水岩层,然后把配制好的浆液用注浆泵通过输浆管和注浆管,注入裂隙含水岩层以堵水,经检查达到封水目的后再进行井筒掘砌的施工方法,其注浆工艺流程如图 4-1 所示。一般来说,当裂隙含水岩层厚度较大且距地表较近(300～500 m)时,或裂隙含水层虽然薄,但是层数较多时,采用地面预注浆设备,多台钻机同时作业,进度快,工期短。有些矿井,在第四系冲积层厚度较大、裂隙含水岩层离地表较深的条件下,首先采用地面预注浆的方法封堵岩石裂隙水,然后采用冻结法通过冲积层。例如,开滦唐家庄矿徐家楼新井,钱家营主井、副井和三河煤矿主井,就是采用这种施工方法。其优点是不占用建井工期,井筒的掘砌工作可以连续进行,速度快;其缺点是钻孔工程量大,对钻孔施工技术和注浆设备能力要求高。

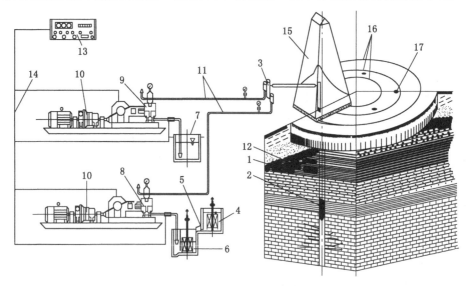

1—注浆孔;2—止浆塞;3—混合器;4—水泥搅拌机;5—放浆阀;6—水泥吸浆池;
7—水玻璃吸浆池;8—水泥注浆泵;9—水玻璃注浆泵;10—液力变矩器;11—输浆管;
12—注浆管;13—流量计;14—信号线;15—钻塔;16—环形道;17—注浆孔位。

图 4-1　注浆工艺流程

在掘砌井筒的过程中,如果掘进井段涌水量达到 30～60 m³/h,则要求停止掘进,提盘进行壁后注浆工作。壁后注浆的主要目的是封堵井壁显见的明水点,通过排孔注浆对井壁与围岩的间隔带进行充填并在围岩中形成一定厚度的封水帷幕。图 4-2 为壁后注浆预期理想效果示意图。

若井筒施工过程中穿越含水层、富含水层、老空区等,整个井筒自上到下全部需要壁后注浆(含充填加固注浆),需要按既定的注浆钻孔布置方案实施全井筒注浆,针对井壁淋水情况,可划分为重点注浆段和一般注浆段。壁后注浆技术是由导水——修复井壁——充填壁后空间——封堵涌水——加固井壁等工序组成的全过程。

立井井筒施工完成后,通过壁后注浆快速封堵井壁淋水及加固井壁,根据井壁淋水与穿越岩层情况,划分为重点注浆段和一般注浆段,使注浆钻孔尽可能少,注浆时间尽可能短。利用浆液把井筒周边 3 m 范围内岩层内含水置换出去,将孔隙、裂隙充填饱满并与井壁固化成一体,形成一个整体隔水帷幕,把涌水排挤在井筒周边 3 m 范围以外,既封堵了涌水又加厚了井壁,从而达到综合防治水与加固井壁的目的。

井筒壁后注浆利用注浆泵加压至 3～8 MPa,其核心部分是利用钻机在重点注浆段打切线孔(螺旋孔),把注浆孔按设计施工好后,用高压水将注浆孔内岩粉冲洗干净,将割有花孔

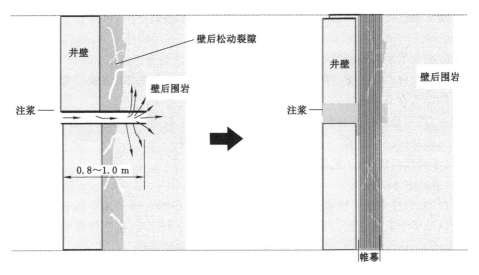

图 4-2　壁后注浆预期理想效果示意图

加长注浆管下到孔底,用打管器打紧安牢,按注单液、注双液、注单液、注封孔双液完成注浆。将井筒壁后周边岩层孔隙、裂隙利用单、双液浆速凝充填,并与井壁固化成一体,在井筒周边形成坚固隔水帷幕,将涌水全部封堵在井壁帷幕以外,确保井筒井壁质量,达到根治井筒涌水的目的。

收水:壁后注浆的重点是收水和阻断漏水通道。收水是指把散状漏水集中在一个出水管道内,以便后期治理。收水的方法:施工钻孔,使钻孔尽可能穿过散状透水裂隙,之后在钻孔内安装收水管,管口用固管装置固定密封。

散水处理:收水管安装后,岩体内散状透水通道依然存在,必须封堵散状透水通道才能使散水集中地从收水管流出,水体在裂隙内流动遵循流体运动基本规律,即水流总是向阻力较小的方向流动。利用此原理,散水处理方法有以下几种:(1) 利用巷道支护层阻隔导水通道(锚网喷井壁及混凝土井壁),使水流集中地向收水管流动;(2) 在井巷裂隙表面涂抹速凝材料封堵导水裂隙;(3) 沿收水管道注入流态物质,使其在导水裂隙内凝固,阻断岩体表面导水裂隙,然后重新施工注浆孔或利用原收水管投孔后进行注浆。

注浆堵水:利用收水管作为注浆通道,向岩体内注入凝结材料,堵塞导水裂隙,达到封堵导水裂隙的目的。其前提是表面封闭层必须能够抵抗注浆压入浆液时的流体压力。

4.3　超千米立井壁后注浆施工工艺

无论哪一种出水状态,均需要从透水点及其附近施工钻孔进行注浆封堵。

注浆步骤:施工钻孔、安装注浆管、收水、封堵钻孔附近漏水点、连管注浆、加压封孔。

注浆方式:深孔注浆、浅孔注浆、深浅孔结合注浆、由浅入深套孔注浆。

4.3.1　注浆方案

注浆方案的选择应以工程量小、占用设备少、材料消耗量少、工期短、注浆效果好、施工安全为原则。根据注浆孔布置、钻注方式、注浆段长等内容的不同,可以有不同的工作面预注浆方案。

注浆方案有采用普通注浆法、化学注浆法和强排水法等施工方法。

根据以上三种治水方案,结合现场实际情况,从注浆材料来源、实践经验、施工工艺、注浆工期等进行综合分析对比,以适应性为原则,进行优化选取。

方案一:选用普通注浆材料,即硅酸盐水泥＋液体水玻璃。有成套的注浆设备,过硬的注浆技术与成功的注浆经验,一直沿用至今,治水易把握。

优点:注浆材料廉价,工艺简单,造价低。

缺点:造孔多,工期长。

方案二:化学注浆法。注浆材料选用河北省某厂生产的立固安或中国矿业大学下属企业生产的高分子注浆堵水剂。需要化学注浆材料费用约 1 万元,化学注浆管费用为 120 万元,工程造价高,成本是水泥-水玻璃双液浆注浆材料价格的几倍。

优点:造孔少,工期短。

缺点:材料贵,造价高,工艺复杂,注浆操作难度大。

方案三:强排水施工法。经核算,从井底排到地面每立方水排 100 m 高,每年消耗的排水电费用约为 155 万元。设备租赁维修费用每月约 120 万元。设备租赁维修费加排水电费约 275 万元。回风井施工周期至少 3 年,投入使用费用约 825 万元。之后四矿每年光排水电费和维修费用约 300 万元,长此以往费用较高。

对以上三种注浆方案进行综合对比可知第一种方案优于后两种方案,因此选用第一种注浆方案进行注浆。

4.3.2 注浆工艺流程

注浆工艺流程为:按照设计排距标好孔位——根据定位线确定钻孔方位夹角——打钻孔至设计孔深——用高压水洗孔——安装割有花孔加长的注浆管——用风动工具打紧安牢——注水测定受注部位压力——注单液浆——注双液浆——注单液浆——达到设计压力双液浆封孔——如果注浆部位不吃浆或跑漏浆严重,按以上工序布孔另注——打好一个注一个——注好一排,落吊盘注下一排,直至注完为止。

(1)布孔:按照设计注浆孔层位,用密孔法和深、浅孔结合及"三花"进行布孔。

(2)造孔:在设计注浆位置、地点选好眼位,按设计孔深、孔位、孔径打眼,并且注意出水深度和位置,做好记录。

(3)埋管:造孔结束用清水洗孔,根据注浆孔深度安装已准备好的注浆塞。注浆塞要用棉线缠在马牙扣上,用打管器把注浆塞打牢,达到设计抗压能力。安装伸缩型注浆专用管,把专用管放入孔内,压紧螺母,止浆塞起止浆作用,达到设计抗压能力。

(4)球形阀及注浆管路的安装:注浆管安装完成后,先安装球形阀,连接高压注浆管、三通混合器、四通及泄压阀。

(5)压水试验:按双液注浆管路要求将管路连接完成之后开泵注压清水,测定井壁的受注能力,检查井壁及接茬是否有漏水现象,如有漏水,须在注浆前处理。

(6)注浆:根据压水试验情况,进行注浆配比,一般先注稀浆,之后根据进浆情况随时调整流量和浆液浓度,注意注浆压力随之变化,达到设计注浆压力和堵水目的即可停止注浆。

（7）跑、漏浆处理：在注浆过程中，如出现跑浆，可根据现场跑、漏浆情况采取堵、糊、停、点注等方法处理，以减少浆液损失，达到注浆预期目的。

（8）注浆塞外露端的处理：每次注浆结束后起落吊盘前首先检查井壁外露注浆塞是否过长，如有影响安全的情况（影响起落吊盘），必须用钢锯、大锤等工具处理整齐，处理到与井壁基本平整为止，然后用水泥抹平。

4.3.3　注浆施工技术

注浆钻孔布孔以井筒中心对称布置，并对称注浆，钻孔与对称线的夹角为8°～10°，即注浆切线孔（螺旋孔）施工一个注一个。注浆顺序为先下行，后上行，以下行注浆为主，上行注浆为辅。

该技术在同类技术处于中等水平，针对立井井筒施工（落底）后井壁漏水较严重，给后续工程安全施工造成严重影响，或不符合验收规范和质量标准而进行注浆堵水和井壁加固。

通过壁后注浆用浆，液以充填、渗透、置换等形式驱走岩层裂隙、孔隙中的水，达到封堵裂隙、隔绝水源及加固井壁的目的，从而起到永久性堵水与加固作用。该技术适用于多种形式的立井井筒穿越富含水砂岩层、裂隙含水岩层段、不稳定的松散岩层段、流沙层段、砾石层段，进行封闭井壁淋水及井壁后充填加固。

井筒注浆段均为双层钢筋混凝土，造注浆孔非常困难，废孔多，每次注浆结束起落吊盘前必须用Ⅰ型水泥锚固剂将废孔抹平。

（1）注浆段划分

第一注浆段：井深40 m至井深294.3 m，针对本注浆段上部井壁出现成片渗水和局部涌水以及本段下部井壁涌水较大的情况，为了综合治理全井筒涌水，将壁后空隙充填饱满，以提高治水效果，对全段进行注浆堵水。设计排距为2 m，孔距为2 m，孔深：浅孔0.7～1.2 m，中深孔1.2～2 m，先上行后下行进行注浆堵水，根据井壁情况可增减注浆孔数量。

第二注浆段：井深294.3 m至井深376.8 m，注浆段高82.5 m，是本次注浆重点。在平顶山砂岩含水层施工过程中，由于井筒淋水量较大，浇筑混凝土时井壁失浆过多，造成井壁接茬和部分井壁质量差，注浆困难，先在井深376.8 m处打两排孔深3 m的注浆孔，每排布孔12个，形成帷幕隔水段，截断岩层涌水沿壁后空隙向下串通，将涌水控制在泥岩层以上。平顶山砂岩段注浆采用深、浅孔结合，密孔和三花布孔方式，先上行后下行进行注浆，使用特制加长注浆管，利用从内向外返浆的特点注浆堵水。在平顶山砂岩全段注浆造孔过程中采用垂直井壁和切向注浆孔（斜孔水平角约为5°）相结合的方式均匀布孔。平顶山砂岩段注浆孔设计排距为1 m，孔距为1 m，孔深：浅孔0.7～1.2 m，中深孔1.2～2.2 m，深孔2.2～3 m。平顶山砂岩底部至井深402 m，注浆孔设计排距为2 m，孔距为2 m，孔深为1.2～2.5 m。在井壁接茬处上下0.3～0.5 m范围内打孔注浆，接茬出水直接在出水点打眼，用Ⅰ型水泥锚固剂加固后进行注浆，井壁漏水严重和不抗压的地方，挖掉井壁，多打眼将水导出，再造井壁后进行注浆。本段布置的注浆孔，根据井壁实际抗压情况和井壁接茬漏水情况，可增减注浆孔。注浆孔出现废孔时，用Ⅰ型水泥锚固剂处理。出现串浆或废孔时，可封孔处理。如注浆达到设计压力而不能封闭涌水时，只能采取补打注浆孔，不可以在原孔超压强注，以防鼓坏井壁。

第三注浆段：丁$_{5-6}$采空区19210机巷，井深813.3 m（828.6 m－15.3 m）至井深832.6 m

（828.6 m＋4.0 m），注浆段高 22.6 m，为加固采空区老巷段，根治老巷段漏水。确保千米井筒安全，注浆布孔采用深、浅孔结合，注浆孔排距为 2 m，孔距为 2 m，孔深为 2～5 m。吊盘到该位置进行老空区加固充填注浆。

（2）特殊段处理

① 处理可缩层漏水。全井筒可缩层共设计 17 道，现已安装 16 道，分别在井深为 138.5 m、164.7 m、207.7 m、250.5 m、289.7 m、411.4 m、457.1 m、491.5 m、539 m、565 m、599.4 m、642.2 m、701.8 m、704.4 m、770.6 m、844.4 m 等位置处。

本次注浆位置到达可缩层段时，在可缩层上下 1 m 位置处各打两排注浆孔，内排孔距为 1 m，孔深为 1.5 m，外排孔距为 2 m，孔深为 1.5～3 m，上下排呈"三花"均匀布置进行注浆堵水。如果可缩层注浆困难，可拆掉可缩层进行注浆，注浆后重新组装可缩层，目的是在井壁与基岩中注浆封水，形成一道隔水帷幕，截断含水层裂隙水补给井筒的通道，达到注浆堵水的目的。

② 处理截水槽。全井筒共有三道截水槽，分别在井深为 400.7 m、504.6 m、779.5 m 位置处。

当注浆位置到达截水槽时，用风镐把截水槽移除，在截水槽上下 0.5 m 处各打一排注浆孔进行注浆堵水，最后在截水槽中间打一排注浆管锚杆，将剩余水引出，用 Ⅰ 型锚固剂封闭，待凝固后注浆封堵。

③ 井筒内有两道腰泵房，分别在井深 409.1 m 和 792.1 m 位置处，当吊盘落到腰泵房位置处时，将井壁及泵房连接处渗漏水点注，日后井筒改装时可进行封闭处理腰泵房。

4.4 新型注浆材料在全装备井筒壁后注浆中的应用

井筒壁后注浆是国内较为成熟的一种防治水方法。加固注浆治水，就是通过造孔，将浆液注入围岩，靠注浆压力使浆液向围岩中的裂隙扩散，使岩体形成加固带，即注浆帷幕，从而提高岩体的整体性和围岩强度的一种技术。

加固注浆治水施工工艺简单、容易操作、成本低且加固效果好，可黏结或固结各种类型的松动圈及破碎带，是松散围岩井巷维修的有效途径之一。

加固注浆治水适用于各种破坏的井筒、巷道，尤其是围岩破坏严重的井巷，效果更明显。该项技术不仅可用于维护已遭破坏的井巷，还可以用于新掘井巷的加固和水害治理等。

加固注浆治水的主要工艺原理是采取下堵、上封、中间渗透的方法进行钻注。先注薄弱段（即下堵），堵住松动裂隙，迫使浆液向上流动并向外渗透。上封，即在每一分段上部软弱层偏下部位钻注，形成固结圈，封住浆液沿外壁向上流动的通道，迫使浆液沿水平方向或向下扩散。当完成下堵和上封之后，对重点区段进行注浆加固，以使浆液在软弱层内渗透扩散固结形成抗压帷幕。

此次施工采用的方案是在传统方案的基础上进行了突破，在全装备井筒设备多、管路复杂、涌水量大、井壁质量差的前提下，经过现场试验和后期改进，最终形成了一套新的注浆方案。

4.4.1 工程概况

平煤神马建工集团矿山建设有限公司建井三处施工的夏店煤矿副井井筒注浆工程十分

特殊,不仅使用了新型注浆材料,还在井筒装备后进行施工,故以此为案例。

副井井筒于 2013 年 10 月与 −560 m 井底车场贯通落底后,在 2014 年 1 月交予安装处进行永久装备,目前井筒内 10 根永久高压电缆、4 根排水管路、1 根压风管路、3 根光缆、1 根通信电缆、逃生梯子间均已完工,井筒提升绞车已安装,罐笼已吊挂。

在本次注浆前,该井筒经过三次壁后注浆后井筒涌水量依旧为 91.8 m³/h,第一次及第三次壁后注浆主要以水泥-水玻璃双液浆为主,第二次为 RSS-2 速凝型粉状化学堵水剂,其主导思想是以堵为主,但最终都未达到注浆目的。根据该井筒多次注浆无效后的特殊性,平煤神马建工集团矿山建设有限公司建井三处在注浆前对该井筒注浆方案的认定及注浆材料的选用进行了全面的研究实验,最终通过使用某公司新材料完成了注浆工作,使井筒涌水量控制在 10 m³/h 以下,达到了全装备、大涌水、大段高立井井筒的治水目的。

4.4.2 注浆思路

本次注浆段高根据现场及矿方提供的地质资料最终定在井深 62～450 m 处。根据已揭露岩性、井壁出水特点及井壁破坏情况,自上而下通过临时工作盘往混凝土壁后钻孔 2～5 m 深,考虑到平顶山砂岩竖直裂隙发育的特殊岩性,将平顶山砂岩段孔深控制在 5 m 进行注浆,注浆采用多种手段,材料选用两类:① 选用某品牌遇水不分散注浆料,早凝早强高强注浆料,高性能无收缩注浆料;② 采用水泥+水玻璃进行注浆封堵,水泥选用新鲜袋装 P·O 42.5 级普通硅酸盐水泥,水玻璃选用浓度为 38～42 °Bé,模数为 2.8～3.2 的液体水玻璃。两种注浆材料根据现场的实际地质条件交替使用,通过注浆泵将浆液注入混凝土壁后 3～5 m 厚度范围内的岩层孔裂隙,然后凝固密封加固岩层和混凝土,把含水层中的水封堵在混凝土壁 3～5 m 以外。

(1) 注浆方案论证。由于该井筒经过多次注浆后涌水量依旧无法降低的特性,注浆前经过多次方案论证,最终选择了以新型注浆料为主和水泥-水玻璃为辅的注浆方案,采用该方案最终解决了井筒的涌水问题。

(2) 注浆材料选择。该井筒经过多次注浆,注浆材料使用 RSS-2 速凝型粉状化学堵水剂、水泥-水玻璃及其他化学添加剂,但注浆效果都不甚理想。找到有效解决井筒现状的注浆材料十分关键,最终通过实际验证,选择了新型注浆材料与普通注浆材料相结合进行本次注浆。

(3) 注浆孔深选择。由于该井筒经过多次注浆,对井筒 1～3 m 范围内的裂隙造成了破坏,无法通过浅层裂隙使浆液进入含水层,故采用深孔注浆、潜孔加固的理念进行注浆,在平顶山砂岩段采取垂直井壁和切向注浆孔(水平切线角为 3°～5°)相结合,深浅孔"三花"均匀布置。深孔 5 m,浅孔 4 m,排距 1 m,孔距 1 m,每排布置 20～22 个注浆孔,在封堵集中漏水点处直接造孔,在接茬漏水处均匀上下布孔。

(4) 浆液配合比。该新型材料在使用过程中要找到适用于井筒壁后注浆的浆液配合比,根据其特性,同时要完成与普通注浆法水泥-水玻璃的结合,最终完成注浆工程。

4.4.3 注浆方案

本次注浆前根据现场实际地质条件、井筒装备情况以及井筒主要涌水段,提出以下几种注浆方案:

方案一：选用普通硅酸盐水泥＋液体水玻璃注浆法。现有成套的注浆设备，过硬的注浆技术与成功的注浆经验，一直沿用至今，治水易把握。

优点：注浆材料便宜，造价低。

缺点：普通硅酸盐水泥＋液体水玻璃双液浆抗渗性低，水泥凝固后强度不足，注浆结束后井筒综合涌水量易反弹。

方案二：新型注浆法，造孔少，造孔浅，工期短，效果明显。注浆材料选用某品牌遇水不分散注浆料、早凝早强高强注浆料、高性能无收缩注浆料等。

优点：材料微膨胀，早期强度高，抗渗性强，注浆结束后井筒涌水量不易反弹，针对出水量大的明水眼效果显著。

缺点：工程造价高。

方案三：采用马丽散 A＋B 料化学浆进行注浆堵水，该方案造孔少，工期短，效果明显。

优点：见效快，堵水效果明显，工期短。

缺点：材料昂贵、造价高、注浆操作难度大。

方案四：采用双液浆＋某品牌新型注浆料，两种材料根据现场实际情况交替使用，考虑平顶山砂岩段竖直裂隙发育，为防止浪费新型注浆料，可以采用双液浆加固和新型注浆料堵水的思路进行施工。

优点：相对于纯化学浆成本低，注浆后强度高，抗渗性强。

缺点：施工工艺复杂，浆液搅拌时间长，需专人控制水灰比。

对以上四种注浆方案的成本及施工环境进行对比分析可知：普通硅酸盐水泥＋液体水玻璃注浆法经过二次注浆后未起到注浆效果，因此直接排除；马丽散 A＋B 料化学浆注浆法由于液体材料在井筒临时工作盘上使用不便，会增加工期，因此也不适合本次注浆；某品牌新型注浆料微膨胀，早期强度高，抗渗性强，注浆结束后井筒涌水量不易反弹，但材料价格昂贵，成本太高。因此最终决定采用第四种注浆方案，既优于普通注浆法，又可以节约成本，注浆后强度高，抗渗性强，符合本次施工目的。

4.4.4 新型材料注浆的科技核心

针对全装备井筒大涌水、大段高的技术难题，根据现场的实际地质情况，针对不同的涌水情况，以普通注浆法为参考，通过新材料的应用和新工艺的操作，使全装备井筒涌水量由注浆前的 91.8 m^3/h 降低至 10 m^3/h 以下，实现了注浆堵水，优化了作业环境，提高了井筒服务年限，降低了排水费用，主要创新点具体如下：

(1) 新型材料在井筒壁后注浆中的应用，达到了全装备井筒注浆堵水的目的。

夏店煤矿副井井筒在施工期间多次出现大涌水现象，井筒进行过三次井筒壁后注浆：

第一次壁后注浆（2012 年 7 月—2012 年 8 月）采用的注浆材料为水泥-水玻璃双液浆，化学浆液为辅，注浆孔深 2.0 m，孔口管管长 1.5 m。由于涌水量大，加上注浆打孔多，井壁浇筑与围岩胶结程度较差，其中井深 371 m 位置处井壁施工后突然开裂涌水，初始涌水量大于 70 m^3/h，经过导水注浆后降低涌水量，同时对井壁进行修复施工，副井井筒才得以进尺。

第二次壁后注浆在施工至井深 447 m 处，经测井筒涌水量达 70 m^3/h，为确保井壁工程质量和加快井筒施工进度，决定对平顶山砂岩段进行壁后注浆堵水，在注浆过程中发现井深 310～335 m 处井壁局部和 355～365 m 处井壁局部出现位移和离层现象，为确保工作面下一步施工安全,对相应位置处井壁进行加固处理并进行深层注浆堵水,发现堵水效果甚微。后邀请中煤第一建设有限公司第十工程注浆公司进行壁后注浆及治水工作,其所用材料为RSS-2速凝型粉状化学堵水剂,其主导思想是以堵为主,故其治水效果不好。施工单位又开始对平顶山砂岩段进行壁后注浆,采用的注浆材料为水泥-水玻璃双液浆,化学浆液为辅,注浆效果仍然不好。为减少工作面的涌水量,在井深415～420 m处施工一腰泵房进行截水,使工作面的涌水量降至41 m³/h,才得以继续掘砌井筒,该注浆段造成局部井壁严重破坏。

第三次壁后注浆在副井井筒落底以后,某注浆单位对整个井筒进行壁后注浆,注浆材料为水泥＋水玻璃双液浆,效果不理想,注浆前实测涌水量为90 m³/h,注浆后实测涌水量为83 m³/h。2015年7月7日井下实测井筒涌水量为93.4 m³/h,经与永久装备前对比,涌水量增加10.4 m³/h。

本次注浆在之前注浆施工方案的基础上积极与矿方沟通,最终选用新型注浆材料为主体,以普通注浆法为辅助,大胆猜想,小心论证,通过现场试验,最终使用某品牌遇水不分散注浆料、早凝早强高强注浆料、高性能无收缩注浆料、多种搭配,完成了全井筒的注浆工程。

(2)新型材料与普通注浆材料的结合,达到了节约成本和降低工程费用的目的。

该井筒井深119～413.5 m,为石千峰组,上部以细粒砂岩和砂质泥岩为主,下部为中粒砂岩,呈灰色,成分以石英为主,长石次之,硅质胶结,裂隙发育,井深315～417 m为平顶山砂岩段。由于新型材料成本过高,在平顶山砂岩段注浆施工期间,进浆量较大,为避免材料浪费,现场积极进行注浆试验。最终经过现场试验,在进浆量较大的情况下,通过将新型高性能无收缩注浆料与水玻璃相结合(配合比为7∶3),既可以满足进浆量的需求,又可以达到注浆效果,使浆液的凝固时间控制在5～30 min,凝固后的抗压堵水效果十分明显,优于普通注浆法,间接解决了新型材料成本过高的问题。

(3)在全装备井筒有障碍物的影响下,实现了跨越障碍物注浆的布孔方式,既满足了注浆要求又不影响井筒现有的装备布置。

该副井井筒在−560 m井底车场贯通落底后于2014年1月交予安装处进行永久装备,井筒内永久高压电缆10根、4趟排水管路、1趟压风管路、1趟注氮管路、3根光缆、1根通信电缆均已完工,井筒提升绞车已安装,罐笼已吊挂。由于井壁存在多处障碍物,给造孔注浆增加了难度,为解决该问题,根据现场实际情况,最终在障碍物以外,通过斜角60°进行造孔注浆,使浆液通过1～3 m的扩散半径覆盖障碍物后方的井壁空白区域,完成了跨障碍物注浆。

(4)通过使用新型材料,完成了对井筒井壁小范围内的修复工作,既阻止了井壁继续破坏,又加固了井壁,杜绝了井壁渗水现象。

井壁由于长期淋水,直接造成井壁存在多处破损,原来一般采用Ⅰ型专用水泥锚固剂进行修复,但是该材料抗压强度低、使用寿命短、适用环境有局限性,为保证井筒的正常使用,最终在注浆过程中对需要小面积修复的井壁使用新型材料堵漏王,该材料具有凝结速度快、抗压能力强、使用寿命长等特性。使用时水料比按照0.16,初凝时间为3～5 min,终凝时间为5～7 min,30 min抗压强度大于10 MPa,28 d抗压强度大于80 MPa。其能抵抗岩体中硫酸根离子和氯离子的腐蚀。修复后效果显著。

4.4.5 新型注浆材料的性能及配合比

注浆材料的性能试验:采用遇水不分散注浆料(图4-3),早凝早强高强注浆料,高性能无收缩注浆料(图 4-4),瓦斯密封孔专用注浆料注浆(图 4-5)。

图 4-3 Ⅰ型遇水不分散注浆料效果

图 4-4 高性能无收缩注浆料膨胀性示意

图 4-5 瓦斯密封孔专用注浆料(BY12-7 型)

(1) 遇水不分散注浆料

遇水不分散注浆料主要应用于隧道、矿井、地下工程岩体活动水和突水的注浆堵漏,与早凝早强高强注浆料配合使用可以双液注浆,主要应用于大突水的快速堵漏。使用时在一台高速乳化分散机中先注入 240 kg 的水,启动高速乳化分散机将 400 kg 徐徐加入高速乳化分散机,再搅拌 30 min,然后用压浆泵将浆液压入岩体、隧道矿井结构混凝土或管片壁后有疏松裂缝的混凝土。当浆体与水接触时不易被水分散,随着压浆泵压力的增大,浆液逐渐把缝隙中的水挤到半径为 1～50 m 的范围以外。

性能指标:水料比为 0.6,初始流动度为 200 mm,60 min 流动度保留值为 150 mm,浆液高速乳化分散 30 min 后的细度为 5～40 μm,初凝时间为 72 h、终凝时间为 96 h,1 d 竖向膨胀率约为 1%,水中 7 d 抗压强度大于 5 MPa,水中 28 d 抗压强度大于 10 MPa,水中 28 d

抗渗高于P12；能抵抗岩体中硫酸根离子和氯离子的腐蚀，经国家饮用水产品质量监督检验中心检测，为无毒无害环保产品，不污染地下水。

浆液进入混凝土壁后3～5 m厚度范围内的岩层孔裂隙，然后凝固密封加固岩层和混凝土，将含水层中的水封堵在混凝土壁3～5 m以外。

（2）早凝早强高强注浆料

早凝早强高强注浆料主要应用于隧道、矿井、大坝、地下岩体的注浆防水堵漏和抢修加固，与遇水不分散注浆料配合可以双液注浆，主要应用于大突水的快速堵漏。使用时在一台高速乳化分散机中先注入140 kg水，启动高速乳化分散机，将520 kgⅢ型注浆料徐徐加入高速乳化分散机中，加完后再搅拌6 min，然后用压浆泵将浆液压入岩体、隧道矿井结构混凝土或管片壁后、有疏松裂缝的混凝土。

性能指标：水料比为0.27，初始流动度为400 mm，30 min流动度保留值为300 mm，浆液高速乳化分散15 min后细度小于0.05 mm，初凝时间为90 min，终凝时间为100 min，4 h抗压强度大于20 MPa，28 d抗压强度大于90 MPa；搅拌好的浆液要求在30 min内注浆完毕，否则浆液会迅速变浓，无法注浆。

浆液能抵抗岩体中硫酸根离子和氯离子的腐蚀，能承受300次冻融循环。经国家饮用水产品质量监督检验中心检测，为无毒无害环保产品，不污染地下水。

（3）高性能无收缩注浆料

高性能无收缩注浆料主要应用于隧道、矿井、大坝、地下岩体的预注浆和壁后回填注浆。使用时，在一台高速乳化分散机中先注入140 kg水，启动高速乳化分散机将520 kgⅡ型注浆料徐徐加入高速乳化分散机中，加完后再搅拌6 min，然后用注浆泵将浆液压入岩体、隧道矿井结构混凝土或管片壁后、有疏松裂缝的混凝土。

性能指标：水料比为0.27，初始流动度为450 mm，60 min流动度保留值为400 mm，浆液高速乳化分散15 min后细度小于0.05 mm，凝结时间为8～12 h，无泌水，1 d竖向膨胀率约为1％，3 d抗压强度大于40 MPa，28 d抗压强度大于80 MPa。

浆液能抵抗岩体中硫酸根离子的腐蚀，能承受300次冻融循环。经国家饮用水产品质量监督检验中心检测，为无毒无害环保产品，不污染地下水。

技术指标：水料比为0.27，流动度≥400 mm，凝结时间为4～8 h，无泌水，1 d竖向膨胀率约为3％，3 d横向膨胀率大于0.1％（浆液灌满玻璃瓶，3 d内玻璃瓶会胀裂），浆体结石率大于100％，3 d抗压强度大于30 MPa，28 d抗压强度大于60 MPa，对钢管无腐蚀，各项技术指标达到国际先进水平。

为了快速抢修某些工程的特殊部位，而且要满足施工质量要求，可采用特快型聚合物抢修砂浆。特快型聚合物抢修砂浆主要用于地下室、隧道、矿井的快速抢修及防水。使用时先将基层灰尘、残渣清扫干净，再把特快型聚合物抢修砂浆中的乳液倒入容器桶，再加入配制好的干混料，机械搅拌均匀到稠度为74 mm，1 d抗折强度为6.29 MPa，1 d抗压强度为18.3 MPa，3 d抗折强度为7.33 MPa，3 d抗压强度为23.1 MPa，7 d抗折强度为7.78 MPa，7 d抗压强度为25.8 MPa，28 d抗折强度为9.66 MPa，28 d抗压强度为32.7 MPa，90 d抗折强度为10.38 MPa，90 d抗压强度为33.5 MPa。每次搅拌量不宜过多，搅拌后必须在30 min内用完，施工完成后120 min就能凝固，专治各种工程疑难杂症，其反响特好，经济效益和社会效益特别显著。

堵漏王主要用于堵漏,使用时先停止注浆,取少量 BY3 型放入容器,然后按 1.0 kg 堵漏王加 0.16 kg 水的比例搅拌均匀,搅拌成面团一样进行堵漏,堵完后 10 min 左右再开始继续注浆。性能指标:水料比为 0.16,初凝时间为 3~5 min,终凝时间为 5~7 min,30 min 抗压强度大于 10 MPa,28 d 抗压强度大于 80 MPa。能抵抗岩体中硫酸根离子和氯离子的腐蚀,能承受 300 次冻融循环,经国家饮用水产品质量监督检验中心检测,为无毒无害环保产品,不污染地下水。

4.4.6　双液浆组合性能及应用

(1)用遇水不分散注浆料与早凝早强高强注浆料组合双液注浆,初凝时间为 1~5 min,1 h 抗压强度大于 10 MPa,1 d 抗压强度大于 20 MPa,28 d 抗压强度大于 40 MPa,主要用于活动水的堵漏,但是小孔隙注不进去。

(2)用瓦斯密封孔专用注浆料与早凝早强高强注浆料组合双液注浆,初凝时间为 3~10 min,1 h 抗压强度大于 15 MPa,1 d 抗压强度大于 30 MPa,28 d 抗压强度大于 50 MPa,主要用于小范围活动水的堵漏和裸岩面的加固。

(3)用高性能无收缩注浆料与早凝早强高强注浆料组合双液注浆,初凝时间为 10~20 min,1 h 抗压强度大于 10 MPa,1 d 抗压强度大于 30 MPa,28 d 抗压强度大于 60 MPa,主要用于小范围活动水的堵漏和破碎带的注浆加固。

(4)用遇水不分散注浆料与高性能无收缩注浆料组合双液注浆,初凝时间为 30~60 min,3 d 抗压强度大于 10 MPa,28 d 抗压强度大于 30 MPa,主要用于特大涌水的堵漏加固。

(5)水泥+水玻璃的浆液配合比。

水泥浆液的配制:水泥浆液的水灰比为 1:1~0.8:1(质量比)。

水玻璃浆液的配制:水泥浆与水玻璃浆液配合比为 1:0.6~1:0.8(体积比)。

4.4.7　注浆孔布置

考虑到目前的钻探技术与施工方法,注浆深度在 500 m 以内时钻孔的偏斜率应小于 0.8%;注浆深度超过 500 m 时孔斜率应小于 1%,但同时考虑到钻孔偏斜的方向性,当岩石裂隙以水平或较小倾角分布时,钻孔能够揭穿裂隙,孔斜率允许略大些。当岩石裂隙以纵向分布为主时,钻孔揭穿裂隙的概率较小,尤其是在深井预注浆条件下,一定要严格控制孔斜率。

根据施工井筒打钻情况分析,浅孔的孔斜率基本能够达到设计要求。深孔孔斜率往往偏高,如果有的井筒注浆孔全部偏移到井筒的一侧,则平均孔斜率达 5%~10%。这样浆液的扩散就不能围绕井筒形成封闭的帷幕,严重影响注浆效果。因此随着注浆深度的增大,钻孔偏斜问题应引起足够的重视。要控制在设计的终孔位置上,围绕井筒能够形成封闭的注浆帷幕,才能保证注浆质量。

注浆材料的选择不影响注浆钻孔的施工,本次施工自上而下通过吊盘,从 62 m 处渗漏水开始往下造孔,采取垂直井壁和切向注浆孔(水平切线角为 3°~5°)相结合,深浅孔"三花"均匀布置。深孔 3 m,浅孔 1.5 m,排距 1 m,孔距 1 m,每排对应布置 20~22 个注浆孔(由于井筒的逃生梯子间已装备完毕,每排实际布置钻孔 17~19 个)。在封堵集中漏水点处直接造孔,在接荐漏水处均匀上下布孔。注浆时串浆或出现废孔时可进行封孔处理,如注浆达到设计压力而不能封闭涌水时,只能补打注浆孔,不可以在原孔超压强注,以防止破坏井壁(该井筒布置的注浆孔根据井壁实际抗压情况和井壁淋水情况可增、减注浆孔),如图 4-6 所示。

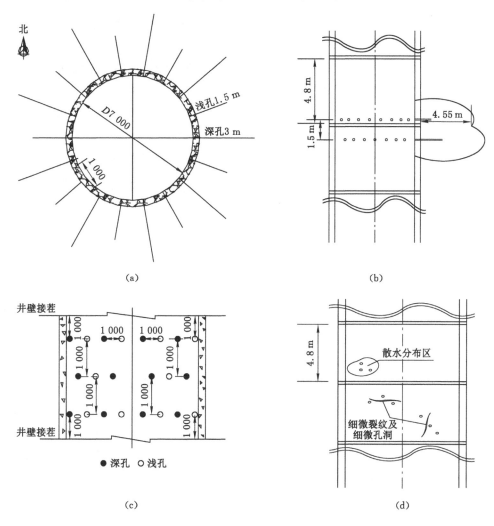

图 4-6　壁后注浆孔断面、剖面布置示意图

4.4.8　注浆临时工作盘施工内容及步骤

(1)按照图纸上钢材的长度和数量要求,把需要用的 $8^{\#}$ 槽钢、其他辅助材料及工具准备到位(图 4-7)。

(2)通过副提天轮悬吊副罐笼,把所用的材料及工具放在罐笼上部或者内部,落稳车到离井口合适的位置停下,开始组装、焊接副提临时工作盘。

(3)按照图纸设计组装临时工作盘,安装人员必须佩戴好保险带,按照先后顺序组装好临时工作盘,采用钢丝绳(6×19,$\phi 18.5$ mm)把罐笼、工作盘与 4 根稳绳钩头找平后锁死,所用锁绳不得少于 2 组。

（4）用主提绞车下放主罐笼到合适位置后（与副罐笼基本持平），开始组装主提罐笼临时工作盘，到达需要注浆段时把伸缩梁落到主罐笼上（或井筒内钢梁上）固定，在伸缩钢梁上面铺设铁盒子板，用铁丝固定牢固，主提工作盘要与副罐笼工作盘相平。

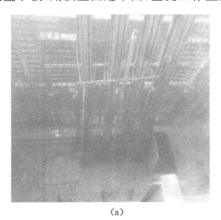
（a）

（b）

图 4-7　工作盘施工现场实况图

4.5　工程效益分析

平煤集团四矿三水平回风井井筒通过壁后注浆安全、快速、高效封堵井壁淋水及加固井壁，井筒注浆前综合涌水量为 46 m^3/h。井筒按长期排水法施工，本井筒按服务年限为 30 年的排水电费计算如下：经核算，从井底排到地面每立方米水排 100 m 高，排水量为 46 m^3/h，那么每年排水电费为 150 多万元。设备租赁维修费每月约 60 万元。每年排水电费和设备租赁维修费共计约 210 万元。30 年总费用约 6 300 万元。

四矿三水平回风井井筒通过壁后注浆所获得的直接经济效益共计 6 300 万元。

4.6　主要创新技术

在三次壁后注浆效果不佳的情况下，积极与矿方沟通并采用新型注浆材料注浆为主体、普通注浆为辅助，通过现场试验验证了所选注浆材料的可注性：

（1）新型材料在井筒壁后注浆的应用，达到了全装备井筒注浆堵水的目的；

（2）新型材料与普通注浆材料的结合，达到了节约成本、降低工程费用的目的；

（3）通过使用新型材料，完成了对井壁小范围内的修复工作，既阻止了井壁继续破坏，又加固了井壁，封堵了井壁渗水。

5 煤矿井下平、斜巷过铁路及表土层多序列管棚注浆

5.1 引言

煤矿井下平、斜巷管棚预注浆超前支护技术是一种煤矿井下平、斜巷穿过急倾斜煤层、软岩层、构造破碎带以及地表土层明斜井穿过大型建筑物、主要铁路运输线及河床段,使用工作面管棚式预注浆能够安全、快速通过的施工工艺。

目前我国浅部煤炭资源因持续开采已大量减少,矿井的开采深度越来越深。我国埋深在 1 000 m 以下的煤炭储量为 2.95×10^4 亿 t,占总量的 53%。目前煤矿开采深度以每年 8~12 m 的速度增加。平煤集团已有多个工作面深度进入 1 000~1 500 m。矿井深部施工过程中遇到的急倾斜煤层、软岩层、构造破碎带以及表土层明斜井过大型建筑物、铁路段、河床段等,一旦发生冒顶事故,非常危险,如何快速、安全地通过等一系列科学技术问题,已成为矿业界的重大理论和技术课题。

5.2 煤矿井下平、斜巷过铁路及表土层注浆施工难点及关键技术

煤矿井下平、斜巷管棚预注浆超前支护技术是一种煤矿井下平、斜巷工作面管棚式预注浆超前支护施工工艺,在揭过煤层、急倾斜煤层、软岩层、构造破碎带等,通过工作面管棚式预注浆可以有效防止巷道坍塌、大面积冒顶、片帮,杜绝事故发生。

为解决上述技术难题,煤矿井下平、斜巷工作面管棚式预注浆超前支护施工工艺包括止浆墙施工、管棚钻孔施工、管棚钻孔洗孔施工、管棚制作安装施工及管棚预注浆施工。

煤矿井下平、斜巷施工中揭煤、过构造、涌水往往导致施工速度缓慢,工程质量差,且施工中常伴有冒顶、淹井事故发生。特别是当井巷穿过表土、破碎岩层、构造带以及松软煤层段时,施工速度慢、安全可靠性差等。

5.3 多序列管棚注浆基本原理

在揭过煤层、软弱岩层、构造破碎带巷道工作面拱部荒断面外 400~500 mm 周边布孔,管棚孔间距为 300~400 mm。管棚钻孔方位、倾角与巷道方位、倾角分别基本保持一致,用 ZDY1200S 型(或 SGZ150 型)全液压钻机配螺旋钻杆或圆形钻杆,造孔时先用坡度规量好坡度,钻进 500 mm 后校正方位和角度,确定无误后进行加深,安装管棚注浆管,双液注浆加固,利用双液注浆原理把巷道周边 5 m 范围内裂隙充填饱满,形成注浆帷幕并固结成一体,

增大巷道围岩的承载能力,把管棚管作为支护的一部分与巷道周边围岩固结成坚固整体,提高了围岩的支撑系数和围岩稳定性。施工期间,根据管棚长度,一般每段掘进预留 2 m 超前距。第二次施工管棚孔预注浆时,在断面迎头上喷射 300 mm 厚混凝土作为下一段注浆施工的止浆墙,在止浆墙上直接布孔施工,依次循环。注浆管棚的长度可根据实际需要选择10 m、10.5 m 和 11.5 m 等,管径根据土层坚固性系数选择 50～108 mm 多个系列。土层越坚固,选择的管径越小,管棚间距也相应增大。

5.4 多序列管棚注浆施工工艺

5.4.1 注浆设备与材料

本工法所采用的主要材料见表 5-1,预注浆主要设备见表 5-2。

表 5-1 管棚预注浆主要材料表

材料名称	规格	单位	数量	备注
孔口管	ϕ108 mm×1.5 m	根	1/每孔	加工
钢管	ϕ75 mm×9 m	根	1/每孔	制作管棚管
注浆管	ϕ80mm×3m	根	1/每孔	伸缩型专用封孔器
法兰盘	ϕ108 mm	个	1/每孔	
法兰堵盘	ϕ108 mm	套	1/每孔	子母扣法兰堵盘加工
球阀	ϕ25 mm	个	3/每孔	
钻杆	ϕ50 mm×1.0 m	根	100	圆形钻杆
钻杆	ϕ90 mm×1.5 m	根	100	螺旋钻杆
钻头	ϕ89 mm	个	100	螺旋钻头
钻头 7187	ϕ91 mm	个	10	螺旋钻头

水泥:选用 P·O 42.5 级普通硅酸盐水泥。
水玻璃:模数为 2.8～3.2,浓度为 38～42 °Bé。
添加剂:QBZ-BI 型防水剂。
其他:Ⅰ型水泥锚固剂(固管用)。

表 5-2 预注浆主要设备表

设备名称	规格	单位	数量	备注
注浆泵	2TGZ-120/90	台	2	
搅拌机	TL-500	台	2	
液压钻机	SGZ150 型	台	2	双套注浆设备,一台施工,一台备用
液压钻机	ZDY1200S(MK-4)	台	2	
铁桶	0.3 m³	个	8	

5.4.2 操作要点

(1)布孔:管棚预注浆采用"周边与中部"相结合的布孔方法。"周边孔"使巷道净断面外 5 m 范围内固结成整体,"中部孔"对整体进行补强注浆加固。将地表上层破碎带岩层裂隙用浆液充填饱满,固结成坚固整体,增大巷道围岩体的承载能力,把管棚与巷道周边围岩固结成坚固整体,提高围岩整体稳定性。管棚布置如图 5-1 所示。

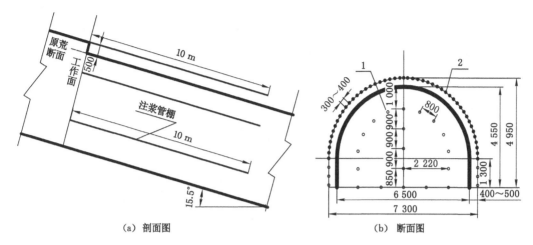

(a) 剖面图　　　　　　(b) 断面图

图 5-1　注浆管棚布置示意图

(2) 造孔:施工止浆墙的同时,按设计方位、倾角预埋好"周边孔"的孔口管;"中部孔"不预埋孔口管,直接在墙上施工。搭好工作台,把钻机吊运到工作台上固定牢固。施工钻孔,遇到破碎泥土层时用风管反复扫孔,反复注浆,直至施工至设计深度。

(3) 洗孔:指基岩段造孔达到设计深度后,连接洗孔管路,用高压水把钻孔内泥浆及钻屑清洗干净。

(4) 管棚制作:根据钻孔直径及注浆段距,使用相应直径和长度的无缝钢管(钢管直径小于钻孔直径 25～30 mm,钢管长度一般与注浆段距相等),将钢管一端制作成锥状,其尖端至管身 2 m 段每间隔 500 mm 左右钻设直径不超过 20 mm 的孔。钻孔在管身呈不规则布置,钢管另一端焊接子母扣法兰盘,在钢板中部钻孔焊接安装长度约 1.5 m 的 1 寸钢管(1 寸管端部预留丝扣以便安装阀门)作为入浆口。另在 B 端距端头 2 m 位置处焊接一根长度约为 4 m 的 4 分管,其终端与 1 寸管端头平齐并安装阀门,作为返浆返水观察孔使用。注浆管示意图如图 5-2 所示。(1 寸=3.33 厘米,1 寸=10 分)

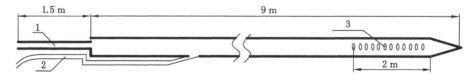

1—入浆管;2—回水管;3—浆液扩散孔。

图 5-2　注浆管示意图

(5) 安装管棚:洗孔结束后,人工把注浆管棚钢管慢慢下到孔底,把预埋孔口管上的法兰盘与管棚钢管上的子母扣法兰盘对接严实,用螺栓固定;其余注浆钻孔(补强注浆孔)成孔后,安装 ϕ80 mm×3 m 伸缩型专用封孔器,用扳手把封孔器上的大螺母拧紧,使胶垫与钻孔周边充分啮合密实,让胶垫充分起作用,将注浆管固定牢固。

（6）注浆管路的安装：注浆管安装好后，先安球形阀，连接双液高压注浆管、三通混合器、四通及卸压阀。

（7）管棚注浆：注浆管路安装完毕，先用清水以0～1 MPa压力冲孔，冲孔时打开返浆管的开关，冲孔水从返浆管流出，直至返浆管流出清水时停止冲孔。根据实际孔径选择使用与孔径尺寸一致的封孔管2（图5-3），把注浆管1和封孔管2插入注液孔，至挡杆7接近孔口停止，用大扳手顺时针拧紧螺母5，螺母5推动推力轴承6压紧堵板3。相邻的封孔管2对圆柱形气囊4挤压，平垫8起到一定缓冲作用，防止气囊4受压过度。气囊4径向膨胀至与注液孔内壁紧密贴合，达到紧密封孔目的。最后将注浆管1的进口端与注浆泵的高压胶管连接。操作见封孔器使用示意图（图5-4）。注入调配好的注浆液，把存留在注浆孔内的清水从返浆管挤出，当看到返浆管内有水泥浆流出时，关闭返浆管阀门，以0～5 MPa压力间隔3～5 min进行间歇点注，使浆液从注浆管A端流入注浆孔，在注浆孔内从孔口逐步向孔内凝结，这样点注5～8次后注浆管棚已加固牢固，开始按要求逐渐加压注浆。根据注浆情况对浆液比例进行适时调配，随时调整流量和浆液浓度，注意注浆压力随之变化。当注浆压力达到设计值（8～10 MPa）时停止注浆，该孔注浆结束。

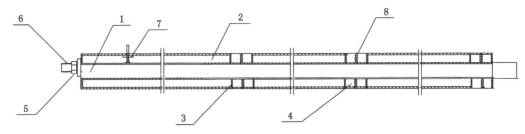

1—注浆管；2—封孔管；3—堵板；4—气囊；5—螺母；6—推力轴承；7—挡杆；8—平垫。

图5-3 封孔器示意图

1—封孔器；2—注浆管；3—封孔器与注浆管结合。

图5-4 封孔器使用示意图

（8）跑、漏浆的处理：在注浆过程中，如发现跑、漏浆现象，可根据现场跑、漏浆情况采取糊、停、点注等方法处理，以减少浆液损失，达到注浆预期目的。糊：如发现工作面个别地方有漏浆现象，可用速凝剂混合水泥将漏浆处封闭，待凝固后再继续注浆。停：采用间歇性注浆，避免因持续性注浆导致浆液未能及时扩散而从工作面跑浆。点注：对工作面个别浆液可能扩散不到的地方增设补强孔，从而保证注浆质量。

5.4.3 注浆参数的选择

（1）水泥浆液的配制：水泥浆液的水灰比为1∶1（质量比）。

（2）水泥浆液与水玻璃浆液的体积比为1∶（0.6～0.8）。

（3）QBZ-BI 型防水剂质量是水泥质量的 3%。

（4）注浆压力。根据岩层、表土层的发育情况及抗压能力，终孔压力控制在 8～10 MPa。注浆压力是浆液扩散充填的动力，注浆压力取决于注浆钻孔静水压力和表土层空隙。

（5）扩散半径。浆液的扩散半径在压力不变的情况下，是随着表土层、岩层空隙不同而不同，浆液的扩散半径有较大差异。因此，合理确定浆液的扩散半径，对节约材料、缩短工期、保证质量具有重大意义。结合以往注浆经验，浆液扩散半径控制在 5 m。

（6）注浆量。正常注浆量是根据注浆的加固体积、孔隙率、浆液凝固时间、岩层的孔隙和裂隙的连通情况来确定的。在不跑浆的情况下，尽可能使双液浆在巷道内外形成帷幕，将孔隙充填饱满，固结成坚固的整体，提高注浆整体性效果。

帷幕注浆量计算：

$$Q = V \cdot n \cdot a \tag{5-1}$$

式中　Q——注浆量，m^3；

　　　V——需充填注浆体积，m^3；

　　　n——孔隙率，取 6%；

　　　a——浆液损失系数，一般为 1.2～1.5，取 1.4。

5.4.4　工艺流程与质量控制

5.4.4.1　工艺流程

工艺流程：布孔──→造孔──→洗孔──→管棚安设──→注浆管路连接──→注浆──→跑、漏浆处理──→掘进。

5.4.4.2　质量控制

（1）执行标准

本工法执行的主要规范及标准包括《矿山井巷工程施工及验收规范》（GBJ 213—1990）、《煤矿井巷工程质量检验评定标准》（MT 5009—94）、《混凝土结构工程施工质量验收规范》（GB 50204—2005）、《煤矿安全规程》及其他相关国家、行业、地方质量标准、规范及法律法规等。

（2）质量保证措施

① 原材料质量的控制。原材料要尽量保持稳定的货源和稳定的质量。用于永久工程的各类原材料，均应提供产品合格证，对原材料按照批量进行抽检试验，并取得合格证明，杜绝不合格原材料进场、入库及使用。

② 配料的控制。采用微机控制计量法，确保混凝土组分计量的标准性，严格控制混凝土的水灰比，外加剂要选用较精确的容器量取，允许误差不得大于±0.5%。配合比必须经试验确定，施工措施中应明确试验确定的合格配合比。根据具有资质的试验单位提供的试验确定的混凝土配合比，经理论换算成每种材料的质量比，制作成牌板悬挂于配料操作场所，指定操作人员执行，配合比的实际误差不得大于设计规定值±2%。要求利用坡度规、钢尺等对每个钻孔的倾斜度、间排距进行检查，钻孔倾斜度允许偏差为±0.2°，间排距允许偏差为±0.5 cm。

③ 用于现浇混凝土支护的井下施工用模板,必须经地面预组装验收合格后才可以投入使用。

④ 施工工艺的控制。搅拌机的纯拌料时间每次不短于 3 min,保证搅拌均匀,要经常检查混凝土外加剂及水灰比,发现有较大变化时,要找出原因并及时调整。

⑤ 加强对混凝土的振捣,为保证混凝土密实,入模的坍落度宜控制在 8~12 cm。

⑥ 严格按深孔光面爆破的作业图标施工,及时调整光爆参数,努力提高光爆质量。

⑦ 实行专职质检员对刷帮、稳模、浇筑混凝土质量进行跟班检查验收制度,不符合合格标准的不得进入下一道施工工序,在施工过程中控制以保证工程质量。

⑧ 严格按施工组织设计和施工措施组织施工,严格执行相关规范或标准,并做好有关记录。加强施工现场的组织管理,明确各工种操作人员的职责,加强自检互检。

⑨ 严格执行质量管理体系三个层次文件的有关规定,严格按质量管理程序要求进行施工和管理,以确保工程质量总体目标的实现。

⑩ 施工检测。施工检测是检查井筒施工质量的最有效的手段,施工的质量检测是安全管理体系中最重要的一环。在井筒施工过程中,施工检测是经常、反复甚至每天都要做的事情,主要包括井筒中心线的检测、井筒施工中高程的检测,钢筋混凝土、水泥、添加剂的检测,砂石含泥量、混凝土配合比检测及井壁混凝土强度检测等。

5.4.5 安全措施及环保措施

5.4.5.1 安全措施

(1)注浆期间,地质测量部门在注浆区域相对应的地面铁路路基处建立 3 组沉降观测点,每组 3 个点,随时掌握铁路路基的变动情况,如果发现地鼓或沉降情况,立即报告注浆值班人员,采取有效措施进行处理。

(2)井上搬运与井下上、下注浆泵时,钢丝绳不得有断丝、扭结、锈蚀等情况,并捆绑牢固,所用绳扣必须指定专人检查。

(3)注浆施工期间,工作面不得进行与注浆无关的其他作业。

(4)注浆人员必须佩戴防护眼镜、乳胶手套等劳保防护用品。

(5)注浆过程中如需处理注浆泵及注浆管路,必须先停泵,打开泄压阀,确定泄压后再进行处理。

(6)注浆过程中,司泵工要注意观察压力表的升压情况,孔口注浆监护人员要注意注浆孔周边情况,一旦发现裂纹、跑、冒、漏浆,及时通知司泵工停泵并进行处理。

(7)在注浆过程中,注浆人员的身体要避开注浆管正面,开、关泄压阀时,要在侧面操作,防止高压浆液喷出伤人。

(8)打注浆钻孔前,把钻架子支稳垫好,严防钻进过程中钻机倾倒伤人。

5.4.5.2 环保措施

(1)本工法执行相关法律法规、规范及地方强制性条文。

(2)环境危险源的识别及控制管理。对废水、废气、噪声等进行控制,做到达标排放;对固体废弃物进行控制,做到分类收集,分类处理;对危险品进行有效控制,建立危险品仓库。

① 废气排放:柴油发动机使用执行国家相关标准的柴油产品。

② 废水排放:合理控制化学品的使用,严禁直接倾倒化学品和成分不明的液体。施工时,在现场挖临时污水沉淀池,生产及生活废水经沉淀达标后方可排放。

③ 噪声排放:风机安装消声装置,施工现场噪声不得超过 85 dB。

5.5 工程效益分析

5.5.1 社会效益

该技术在五矿明斜井穿过铁路下松软表土层的应用中,采用超前管棚预注浆技术对松散表土进行注浆加固,然后采用短掘短砌的方法施工,合同工期为 90 天,实际工期为 67 天,比合同工期缩短 23 天,实现了安全生产。施工期间保证了铁路线的正常运行,为公司西部矿区的正常生产运输创造了良好的条件。该工程的顺利施工,不仅锻炼了施工队伍、提高了企业知名度、增强了企业的市场竞争力,还为同类工程的施工提供了新的思路。其社会效益远大于经济效益。

5.5.2 经济效益

与其他同类工程的施工方法相比,采用管棚预注浆技术具有方法简便、安全快速、经济实用的优点。该工程采用管棚预注浆技术,总费用为 150 万元,而采用顶涵技术预算费用为 280 万元,仅此一项为甲方节约 130 万元。

该铁路线是平煤集团西部矿区的运煤干线,负责九矿、十一矿、香宝矿和西区两个矿井的煤炭运输,以上矿井年产量总计 750 万 t。采用其他施工方法均需对该段铁路进行栈桥式加固,加固工期最短 1 个月,加固期间铁路运输中断。而采用本技术施工期间保证了铁路线的正常运行,1 个月煤炭产量 62.5 万 t,1 个月增效约 625 万元。

效益总额约 755 万元。

5.6 典型工程应用实例

(1) 五矿明斜井设计长度为 1 377 m,井口标高为 +116 m,落底标高为 −218.37 m,直墙半圆拱形断面,坡度为 −15°,净宽为 5 600 mm,净高为 4 100 mm,净断面面积为 19.6 m^2,掘进断面面积为 25.05 m^2,其中表土段斜长 210 m,采用 36U 型钢金属支架与混凝土联合支护,混凝土壁厚 450 mm,混凝土强度等级为 C25,井口北侧距井口 52 m 为铁路线,井筒穿铁路段长度为 38 m,巷道顶板距铁道面最短距离为 13 m,其中铁路高填路基高度 5 m,其他为回填表土。施工期间,采用超前管棚注浆的方法,注浆管棚长度为 10.5 m、直径为 75 mm,管棚间距为 300 mm,一次注浆段距 10 m,掘进 8 m,注浆管棚两端各搭接 1 m,依次循环。2009 年 9 月 19 日明斜井施工至距铁道 5 m 时开始注浆,至 2009 年 11 月 26 日顺利通过铁路段,期间施工 6 个循环(48 m),用时 67 d,比合同工期缩短 23 d。施工期间没有影响列车运行,没有出现因列车通过振动而引起顶板冒落,巷道质量满足设计要求。受到公司、甲方和铁路运营单位的一致好评。

(2) 十矿明斜井表土段位于五矿机修厂房的正下方,穿越最短垂直距离为 9 m,厂房跨度为 50 m,且同样处于表土段,土质松软,有少量地质积水存在。机修厂房内地面大型起动机来回移动,重型机械维修频繁,施工责任重大。在施工期间采用本施工工法,严格按照措施执行,加强施工过程中的质量管理和地面沉降监测。2009 年 11 月 3 日,安全穿越十矿机修厂房,施工期间未出现任何质量事故,机修厂房内维修工作一如既往地正常运行,得到了矿方及监理单位的一致好评。

(3) 十三矿明斜井井筒开口位置位于十三矿工业广场东北围墙内,开口标高为+118.00 m,设计长度为 1 858.8 m,设计方位角为 136°20′,施工坡度为 -20°,落底标高为 -517.752 m。半圆拱形断面,净宽 5 600 mm,净高 3 900 mm,净面积为 18.4 m²,主要用于十三矿提煤及人员运送。其中,表土层厚 10 m,表土段斜长 41.1 m,掘进断面面积为24.9 m²,采用双层钢筋混凝土支护,壁厚 400 mm,砌碹混凝土强度等级为 C30,铺底厚度为 300 mm,铺底混凝土强度等级为 C20;井口开口位置距北围墙 30 m,斜井巷道顶部距围墙地表最短距离为 5.9 m,表土层主要为黄色黏土,含少量砾石。施工期间,采用超前管棚注浆,注浆管棚长度为 9.5 m,直径为 50 mm,管棚间距为 250 mm,一次注浆段距为 9.5 m,掘进 7.5 m,注浆管棚两端各搭接 1 m,依次循环。施工 2 个循环,用时 12 d,安全通过十三矿围墙,围墙没有出现变形裂缝。

5.7 主要创新技术

平煤神马建工集团矿山建设有限公司建井三处根据近年来在表土段施工中穿过铁路、建筑物以及断层破碎带的工程实际,探索出一套采用超长多序列管棚预注浆超前支护的方法安全快速穿过松软破碎岩(土)层的施工技术,应用效果良好。超长多序列管棚预注浆超前支护技术由中国煤炭建设协会组织有关专家在河南省平顶山市于 2010 年 3 月 23 日进行鉴定,该技术查新一次通过,其中使用的伸缩型抽放封孔器获得实用新型发明专利证书。

(1) 专利(施工)技术改进

煤矿井下平、斜巷管棚预注浆超前支护技术的改进,在揭过煤层、急倾斜煤层、软岩层、构造破碎带巷道工作面拱部荒断面外 400~500 mm 周边布孔,管棚孔间距为 300~400 mm。管棚钻孔方位、倾角与巷道方位、倾角保持一致,用 ZDY1200S 型(或 SGZ150 型)全液压钻机配 φ89 mm 螺旋钻杆或 φ50 mm 圆形钻杆,造 φ90 mm 钻孔,安装 φ75 mm×9 m 管棚管,双液注浆加固,利用双液注浆原理把巷道周边 5 m 范围内裂隙充填饱满,并固结成整体,提高巷道围岩的承载能力,把管棚管与巷道周边围岩固结成坚固整体,提高了围岩的支撑系数,提高了围岩稳定性。掘进 7 m,留 2 m 超前距。第二次管棚孔预注浆时,在 2 m超前距断面上喷射 300 mm 厚混凝土,直接布孔施工,依次循环。撇开了传统的打超前锚杆——掘进——锚网喷临时支护——抽顶(或抽帮)——用圆木刹顶——架 U 形金属棚子——复喷至设计厚度(或立模、浇筑混凝土)等施工工艺。

煤矿井下平、斜巷管棚预注浆超前支护技术的另一项技术改进:明斜井通过地表土层过大型建筑物、主要铁路干线及河床段等,在掘进工作面拱部荒断面外 300~400 mm 周边均匀布置一排管棚钻孔,孔间距为 250~300 mm,管棚方位、倾角与巷道方位、倾角保持一致。用全液压钻机配 φ89 mm 的螺旋钻杆钻头,造 φ90 mm 管棚孔,安装 φ75 mm×9 m 管棚管,双液注浆加固,利用双液注浆原理采用水泥-水玻璃浆液把巷道周边 5 m 范围内孔隙充填饱满,并固结成一体,增大巷道周围的承载能力,将管棚管与巷道周边固结成坚固整体,提高周边岩体的稳定性。掘进 6 m,留 3 m 超前距,依次循环。避免了传统的大量开挖明槽,施工中片帮修大量的边坡,过多的支护,耗费大量的人力、物力、财力,施工复杂,风险大。

(2)超长多序列管棚预注浆超前支护技术的优点及适用范围

① 本专利技术煤矿井下平、斜巷工作面管棚式预注浆超前支护,在揭过煤层、急倾斜煤层、软岩层、构造破碎带及地表土层明斜井通过大型建筑物、主要铁路干线与河床段,在掘进施工中,预防巷道顶板大面积坍塌及严重抽帮、抽顶,管棚孔间距控制在 250~400 mm,深度按 9 m 施工,安装 9 m 管棚管,注双液浆加固,将巷道周边的裂隙、孔隙充填饱满,并与周边固结成整体,提高了巷道的承载能力和围岩稳定性。避免了巷道掘进过程中整体坍塌、大面积冒顶及片帮。

② 煤矿井下平、斜巷工作面管棚式预注浆超前支护施工工艺简单,施工速度快,成本低,安全可靠,风险小,还能确保巷道质量。经济效益极为明显,由此带来的安全所实现的社会效益更加可观。

③ 该技术利用超长多序列注浆管向松散、软弱、破碎岩(土)层内注入固结材料,使松软岩(土)层固结,注浆管形成管棚作为超前支护的一部分对松软岩(土)层进行加固,达到掘进施工期间防止松软岩(土)层坍塌的目的。自行研制和使用了伸缩型抽放封孔器和超长多序列注浆管。

④ 可有效通过松散、软弱、破碎岩(土)层,缩短施工工期,保证施工安全,确保施工质量,与单一的撞楔法和顶涵法相比,操作简便,具有明显的优越性。

6 井巷工作面过强含水层预注浆

6.1 引言

　　井巷工作面预注浆是国内较成熟的一种防治水方法,工作面注浆治水,就是通过造孔,将注浆浆液注入砂岩,依靠注浆压力使浆液向围岩的裂隙扩散,将砂岩内的水封堵在注浆范围以外,使岩体形成一个加固带,即注浆帷幕,从而提高岩体的整体性和强度的一种技术。

　　注浆技术目前已成为我国岩土工程技术领域一个重要分支,具有施工设备简单、投资小、损耗少、操作工人少、工期短、见效快、施工中产生的噪声和振动小、对环境影响小、在狭窄的场地和矮小的空间内均可施工、加固深度可深可浅、易控制等优点。因而这种方法在土建、市政工程、水利电力、交通能源、隧道、地下铁道、矿井、地下建筑等领域广泛应用,具有很好的经济效益和应用价值。

　　但此次施工采用的方案是在传统的技术基础上进行了突破,在保证注浆效果的前提下优化了注浆钻孔的布置,经过现场试验及后期改进,最终形成了一套新的注浆方案。

6.2 井巷工作面过强含水层预注浆基本原理

　　岩巷掘进安全通过高承压、强含水复杂地质条件的防治水问题一直是国内外影响煤矿安全高效生产的重点与难点。近年来,随着科学技术的发展,煤矿防治水已呈现多措并举的态势,防治水采取探、防、堵、疏、排、截、监等综合防治措施。《煤矿防治水细则》中明确记载,在水文地质条件不明确的区域要采取物探与钻探相结合的方法进行探水。此规定直接减少了大量岩巷掘进探水不规范而导致透水事故的发生数量。在查明掘进工作面前方有水的地带,一些施工案例还增加了工作面预注浆举措。因此,岩巷掘进过程中遇到前方有富水层多时需要利用物探、钻探、工作面预注浆等多种措施相结合的方式通过。

　　当地下工程中的平巷、斜巷和硐室在开凿过程中即将遇到较大的含水层、断层破碎带或松软岩层时,通过打超前钻孔勘察并进行综合分析,已预测出工作面前方水量很大或岩石破碎,巷道难以通过或容易发生事故,往往需要进行工作面预注浆。

　　对于不同的矿区,地质构造复杂程度不同,地质差异明显,含水层岩性、厚度、储水空间、水力性质等不同,预注浆过程中将面临诸多技术问题,例如预注浆钻孔和检验钻孔该如何布置,采用何种标准对注浆质量进行评价等。

6.3 注浆施工难点及关键技术

在实际施工过程中由于巷道全断面都在平顶山砂岩段内,巷道底板存在出水现象,在施工过程中存在注浆断面尺寸小于设计断面尺寸的情况,为了不增加额外的拉底工作量,同时防止底板出大水造成工程延误,通过现场的实际地质研究已经协商,最终在施工工程中决定采用小断面布孔注浆,注浆范围控制在设计断面以外 5 m 范围内,即小断面布孔注浆,大断面正常掘进,最终顺利完成了工作面预注浆工程。施工过程中由于斜井的特殊性质,工作面容易出现积水现象,工人为了确保工期,常在积水中施工,克服了现场的各种困难,完成了注浆任务,保证巷道的顺利贯通。

6.4 井巷工作面过强含水层预注浆施工工艺

6.4.1 注浆方案

注浆方案的选择与地质条件、水文条件、施工方案、治水原则、施工工期、施工要求、施工设备和技术水平等技术经济条件密切相关,特别要结合施工现场的实际情况,充分利用现场现有的施工设备,因地制宜地予以确定,制定的方案才是可行的、合理的。

本次注浆前根据现场实际地质条件提出了以下几种注浆方案:

方案一:选用普通硅酸盐水泥＋液体水玻璃注浆。现有成套的注浆设备,过硬的注浆技术与成功的注浆经验,一直沿用至今,治水易把握。

优点:注浆材料便宜,造价低。

缺点:普通硅酸盐水泥＋液体水玻璃双液浆抗渗性低,浆液扩散单一。

方案二:采用新型注浆材料注浆,造孔少,造孔浅,工期短,效果明显。注浆材料选用遇水不分散注浆料,早凝早强高强注浆料,高性能无收缩注浆料,瓦斯密封孔专用注浆料注浆。

优点:该种材料微膨胀,早期强度高,抗渗性强,注浆结束后工作面涌水量不易反弹,针对出水量大的明水眼效果显著。

缺点:工程造价高。

方案三:采用马丽散 A＋B 料化学浆进行注浆堵水,该方案造孔少,工期短,效果明显。

优点:见效快,堵水效果明显,工期短。

缺点:材料贵,造价高,注浆操作难度大。

方案四:采用双液浆和新型注浆材料＋新型布孔法,考虑到平顶山砂岩段竖直裂隙发育,为保证双液浆的注浆扩散可以更加充分和饱满,采用新型布孔法,在巷道内布置多角度钻孔,达到注浆效果。

优点:相对于纯化学浆成本低,通过钻孔的多角度交叉布孔,使浆液可以达到预计的扩散位置。

缺点:施工工艺复杂,钻孔角度要求极为精细,技术人员要给出每个钻孔的详细的角度。

根据以上四种注浆方案,通过对成本及施工环境进行对比,工程成本太高,单一的传统注浆效果单一,最终决定采用第四种注浆方案,既优于传统布孔注浆法,又可以节约成本,注浆后浆液扩散更加充分,符合本次施工的目的。

6.4.2　注浆钻孔设计

现工作面施工至 352 m 位置处,工作面岩性以中粒砂岩为主,岩层倾角为 20°左右,为及时掌握工作面前方 20 m 范围内岩石的含水情况,设计超前探水钻孔。采取短注短掘的注浆方式安全通过砂岩含水层,注浆前先在工作面复喷 300 mm 厚的混凝土垫层,防止漏浆,注浆长度为 20 m,如钻孔施工至 20 m 时,孔内水量不超过 5 m^3/h,且岩石松软,不夹钻,则注浆长度在原来的基础上增加 3～5 m,但必须保留 5 m 的止浆岩帽。注浆工作面布置孔深 5 m 的注浆孔,安装注浆塞进行工作面加固注浆,确保工作面空白带的注浆效果,注浆孔外偏 37°,终孔控制在轮廓线外 3 m。在工作面底板退后 1 m 布置注浆孔 6 个(其中 1、4、6 预埋孔口管施工)探水孔兼作注浆孔,巷道周边布置注浆孔 14 个,深、浅孔相结合,浅孔终孔外控 15 m 以后巷道外围 4～5 m 以上,深孔终孔外控 20 m 以后巷道外围 4～5 m 以上。其中下孔口管采用砂浆固管,孔口管长度为 5 m。当钻孔施工时单孔综合涌水量超过 5 m^3/h 且持续不衰减时,应立即停止钻进,封闭钻孔,进行注浆治水,检查孔深度为 20 m。巷道断面内适当位置处布孔 2 个,检查孔顺巷施工俯角为 18.2°(其中 24#、25# 注浆孔兼作检查孔)。

探水注浆孔施工完毕,施工检查孔,首先施工 24# 检查孔,检查孔综合涌水量小于 0.5 m^3/h 时,不再施工剩余检查孔,结束本轮注浆工程。否则,另行补打钻孔继续补强注浆。在斜井井筒外围形成注浆帷幕,将水堵截在注浆帷幕圈以外(根据现场实际出水情况和注浆效果可增减注浆孔)。

6.4.3　注浆设备与材料

注浆设备:选用 2TGZ-130/130 型双液调速高压注浆泵和与该泵配套的 GS-700 型立式高速拌浆机(图 6-1、图 6-2)。

图 6-1　2TGZ-130/130 型双液调速高压注浆泵

图 6-2　GS-700 型立式高速拌浆机

注浆预埋 ϕ85 mm×4 m 长可伸缩型注浆专用封孔器(收水管),注浆尾巴管采用 ϕ20 mm 的白塑料管。

工作面准备 4 个 0.5 m^3 的料桶,分别装水玻璃原液、稀释过的水玻璃、水泥浆及清水。

为提高浆液的结石率,使用新鲜袋装 P·O 42.5 级普通硅酸盐水泥。当主斜井涌水温度过高,普通硅酸盐水泥凝固效果不佳时,选用新鲜袋装遇水不分散注浆料、早凝早强高强注浆料、高性能无收缩注浆料、瓦斯密封孔专用注浆料注浆。

为减少浆液损失,加强堵水效果,使用特级液体水玻璃,浓度为 38~40 °Bé,模数为2.8~3.2。

加固收水管使用水泥锚固剂。

其他:选用 ϕ25 mm×6 MPa 一片式高压不锈钢球阀与收水管连接。选用 ϕ25 mm×4 MPa 一片式高压不锈钢球阀与注浆管连接。

6.4.4 注浆参数

(1)水泥浆液的配制:水泥浆液的水灰比为 1∶0.8~1∶1(质量比)。

(2)某品牌遇水不分散注浆料、早凝早强高强注浆料、高性能无收缩注浆料、瓦斯密封孔专用注浆料浆液的配制:浆液的水灰比为 0.27∶1(质量比)。

(3)水玻璃浆液的配制:浆液与水玻璃浆液配合比为(1∶0.8)~1(体积比)。开始注浆时使用 10~15°Bé 的水玻璃浆液,正常注浆时使用 20~25 °Bé 的水玻璃浆液,终孔注浆时使用 36~40 °Bé 的水玻璃浆液或原液封孔。

(4)注浆压力:注浆压力是浆液扩散、充塞、压实的动力。浆液在岩层裂隙中扩散、充塞的过程,就是克服流动阻力的过程。注浆压力大,浆液扩散远,耗浆量大,会造成浪费。注浆压力小,浆液扩散近,耗浆量小,有不交圈、封堵不严的可能,因此正确选择注浆压力和合理运用注浆压力,是注浆过程中的关键问题。

根据实际施工经验,注浆压力可用下列经验公式计算:

$$P = (2 \sim 4)P_w \tag{6-1}$$

式中　P——注浆压力,MPa;

　　　P_w——注浆点的静水压力,MPa。

根据实测静水压力确定此次工作面注浆终压为 10~20 MPa。

(5)扩散半径:浆液的扩散半径在压力不变的情况下,是随着岩石的裂隙和井壁与岩面之间的空隙不同而不同,因岩层裂隙和井壁与岩石之间空隙的不均匀性,浆液的扩散半径有较大差异,因此,合理确定浆液的扩散半径,对节约材料、缩短工期、保证质量具有重大意义。本次注浆浆液扩散半径控制在 2~3 m。

(6)注浆量:注浆量对工期和工程造价有直接影响,本次注浆量是根据工作面注浆加固的体积、裂隙率、浆液凝固时间来确定的。在注浆不跑浆的情况下,应尽可能在工作面外围形成注浆帷幕,以提高注浆治水效果。

工作面预注浆浆液注入量可按下式计算:

$$Q = \frac{\pi R^2 H n \lambda}{N} B \tag{6-2}$$

式中　Q——井筒总注入浆液数量,m³;

　　　B——井筒注浆孔的数量;

　　　R——浆液有效扩散半径,m;

　　　H——注浆段长度,m;

n——含水岩层裂隙率(岩石的裂隙率,根据岩芯实际调查情况选取),砂岩、砂质泥岩地层取 $1\%\sim3\%$;

λ——浆液损失系数,一般取 $1.1\sim1.4$;

N——浆液结石系数,一般取 $0.75\sim0.85$。

经计算:$Q=(4.8\pi\times25\times3\%\times1.3)\div0.8\times20=366.25$($m^3$)。实际注浆量以现场发生为准。

6.5　钻孔水压与水量测定及压水试验

6.5.1　测定钻孔内静水压力

注浆前,对冲洗干净后的钻孔进行水压测定。在注浆管上连接注浆装置和压力表,测量孔内稳定后的静水压力。

6.5.2　测定钻孔内涌水量

钻孔内涌水量较小时,把孔口阀门打开,水量稳定后用胶管引到吊桶或普通水桶中,根据桶的容积计算注浆孔段的涌水量,取 3 次测量值的平均值。

6.5.3　压水试验

注浆前向孔内压水的目的:

(1)冲洗岩石裂隙中的充填物,便于注浆和提高浆液结石体与岩石裂隙面之间的黏结强度。

(2)根据压水试验资料,计算单位钻孔吸水量,并据此选定浆液种类及浆液的初始浓度(表 6-1)。一般压水时间为 $10\sim20$ min。

表 6-1　浆液种类及浆液的初始浓度

吸水率/[L/(min·m)]	>10	10～7	7～5	5～3
浆液种类	水泥-水玻璃双液浆	单液水泥浆	单液水泥浆	单液水泥浆或超细水泥浆
水灰比	1:1	1:1	2:1	3:1

6.6　工程效益分析

主斜井戊组上山过平顶山砂岩含水段实际长度为 120 m,采用 20 m 长注浆管,预留 5 m 超前距离,需要 120/15=8 轮穿过砂岩段,每次注浆需要平均停工 9 d。对比传统施工采用 10 m 注浆管,预留 3 m 超前距,需要 120/7=17 轮穿过砂岩段。节省工期=(17-8)×9=81(d),节约人工工资费用 126 万元,设备租赁、摊销费用 96 万元。

采用传统注浆施工,每轮需要施工钻孔平均 580 m,小计 580 m×17=9 860 m。采用超长钻孔探水、注浆,每轮需要施工钻孔 640 m,小计 640 m×8=5 120 m。节省钻孔

4 740 m,节约钻孔施工费用 85 万元。合计采用新型布孔方式注浆后综合节约费用 300 万元左右。

主斜井过大涌水、富含水层点射状终孔切线交叉布孔注浆法,为集团内部主斜井注浆提供了新的选择,并且该方案适用于主斜井在大涌水、富含水层快速掘进施工,在不影响注浆效果的前提下,可以缩短注浆工期,增加掘进时间,由此带来的社会效益暂无法估量。

该项目在上述施工应用中,效果极为明显,与国内同类技术相比处于领先地位,特别是在今后煤炭行业主斜井过砂岩段注浆发展中具有良好的推广应用价值。

6.7　主要创新技术

该项目针对主斜井过大涌水、富含水层的技术难题,根据现场的实际地质条件针对不同的涌水情况,以普通注浆法为参考,采用新型的布孔工艺,在保证巷道注浆效果的前提下优化注浆钻孔数量,压缩注浆工期,为主斜井在平顶山砂岩段顺利贯通打下了基础,主要创新点如下:

(1)创新点 1:采用新型布孔方式,通过钻孔的终孔切线交叉布置实现了主斜井过平顶山砂岩段注浆堵水的目的。

由于平顶山主斜井竖直裂隙发育,通过实际施工过程发现,采用传统注浆布孔方式时注浆效果单一、浆液扩散不充分,为保证浆液在平顶山砂岩段以更多角度扩散,可以双重加固堵水,在打钻过程中在巷道有效断面内布置多角度钻孔,使钻孔的终孔在外控轮廓线的外切线上交叉布置,在保证注浆效果的前提下可以适当优化钻孔数量。

首山一矿主斜井注浆施工过程中由于现场施工条件限制,实际施工底板位于巷道顶板以下 2.4 m 位置处,为保证注浆效果达到了设计要求,施工过程中在工作面底板退后 1 m 布置注浆孔 6 个(其中 1、4、6 预埋孔口管施工),终孔控制在轮廓线外 5 m;在巷道工作面轮廓线以内 0.5 m 布孔 5 个,间距 1.8 m,控制终孔在距离巷道轮廓线 20 m 处再向外 5 m;在巷道内轮廓线上均匀布置 9 个注浆孔,终孔在距离巷道轮廓线外 23 m 处再向外 5 m,巷道断面内适当位置处布孔 2 个,顺巷施工(其中 24#、25# 注浆孔兼作检查孔),注浆孔合计 25 个(图 6-3、表 6-2)。

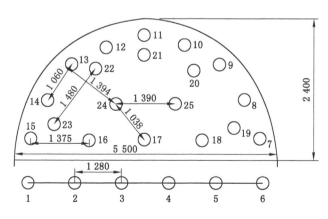

图 6-3　钻孔平面布置示意图

表 6-2　钻孔参数表

钻孔序号	俯角/(°)	左偏角度/(°)	右偏角度/(°)	孔深/m
1	34.5	15	—	21
2	37.5	9	—	22
3	34.5	3	—	21
4	37.5	—	3	22
5	34.5	—	9	21
6	37.5	—	15	22
7	27.5	—	14	21
8	18	—	14	21
9	12	—	13	21
10	7	—	13	21
11	7	—	—	21
12	7	13	—	21
13	12	13	—	21
14	18	14	—	21
15	27.5	14	—	21
16	24.5	5	—	20
17	27.5	—	—	21
18	24.5	—	5	20
19	18.5	—	18	20
20	12.5	—	18	20
21	10	—	—	20
22	12.5	18	—	20
23	18.5	18	—	20
24	18.5	—	—	20
25	18.5	—	—	20

（2）创新点 2：新型布孔方式与普通注浆材料结合，节约了成本。

根据传统注浆布孔工艺和防治水设计方案，要进行 12 轮工作面预注浆才能完成本次注浆工作，每一轮施工注浆长度为 15 m，但是使用了新型布孔方式后，通过结合新型材料，实际施工了 7 轮工作面预注浆就完成了本次注浆工作，每一轮注浆的有效注浆距离控制在 20 m（图 6-4），既缩短了注浆工期，又减少了材料的浪费，达到了节约成本和降低工程费用的目的。

（3）创新点 3：在受实际施工条件的影响下，实现了小断面布孔注浆、控制大断面掘进的创新。

在实际施工过程中由于巷道全断面都在平顶山砂岩段内，巷道底板存在出水现象，在施工过程中存在注浆断面尺寸小于设计断面尺寸的情况，为了不增加额外的拉底工作量，同时防止底板出大水而造成工程延误，在施工中决定采用小断面布孔注浆，注浆范围控制在设计断面以外 5 m 范围内，即小断面布孔注浆，大断面正常掘进，在不影响注浆效果的前提下提高注浆效率。

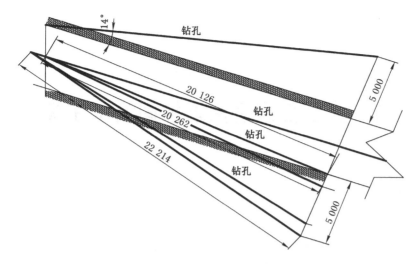

图 6-4　钻孔剖面布置示意图

（4）创新点 4：新型布孔方式在保证注浆效果的前提下加快注浆进度，优化了注浆钻孔数量，确保了主斜井在平顶山砂岩段的顺利贯通。

根据传统的注浆布孔，每次布孔要进行整圈布孔，同时要进行深、浅孔依次注浆，不但增加了注浆工期，而且注浆效果较单一。通过本次采用新型工艺的施工，在优化注浆数量的情况下，通过多角度布孔，深、浅孔的终孔位置在巷道轮廓线外 5 m 范围内的外切线上，形成一个多点的注浆堵水围幕（图 6-5），达到注浆堵水效果，同时在保证注浆效果不变的前提下增加了有效注浆长度，减少了注浆时间。

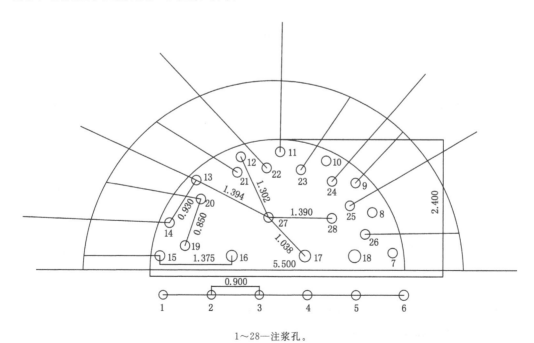

1～28—注浆孔。

图 6-5　新型布孔方式示意图（单位：m）

7 大断面硐室围岩加固治水注浆

7.1 引言

目前我国浅部煤炭资源因持续开采已大幅度减少,矿井的开采深度越来越深。我国煤炭储量埋深在 1 000 m 以下的为 2.95×10^4 亿 t,占煤炭资源总量的 53%。1980 年国内煤矿开采的平均深度为 288 m,20 世纪末已经近 500 m,目前煤矿开采深度以每年 8~12 m 的速度增加。深部矿物资源(包括煤炭和其他矿物)的开发和生产是我国采矿工业今后的发展趋势。解决深部煤炭等矿产资源开发过程中所遇到的一系列科学和技术问题已成为我国矿业界的重大理论和技术课题。

随着煤矿开采深度的增大和开采强度的不断增大,煤矿立井井筒的深度不断增加,井筒突水的危险性不断提高,突水区域不断扩大。据统计,我国地下水突出危险矿井数量和突出强度、频度将随着开采深度的延深和开采强度的增大而逐渐增加。由于含水层内水源不断,造成巷道内出现渗漏水等现象,因此,砂岩含水层是威胁矿建支护生产的严重自然灾害之一。

7.2 大断面硐室围岩加固治水注浆施工难点

首山一矿主斜井是集团公司的产能升级重点改造工程,主要担负首山一矿提煤和运送人员,主斜井驱动硐室布置在平顶山砂岩含水层中,施工断面大,埋深大,采用普通支护型式施工后,巷道出现大面积渗漏水现象,造成巷道断面变形,影响正常安全生产。

本节内容的主要研究目的是如何提高富含水层下斜井大断面硐室的支护强度,避免因出现渗水、淋水现象而影响支护质量,使巷道陷入"屡修屡坏,屡坏屡修"的局面。近年来,巷道围岩支护手段已呈现主、被动支护并举,单一支护向联合、耦合支护转变的趋势,但仍然存在一些受水害影响的大断面巷道,在施工后出现大面积渗、漏水现象,使支护质量恶化,巷道需要反复维修支护,严重影响矿井的安全生产。

平煤神马建工集团矿山建设有限公司建井三处施工的首山主斜井工程,设计长度为 2 723.1 m。依据地表出露与钻探揭露,地表处第四系松散孔隙含水层预计平均涌水量为 34.6 m³/h,平顶山组砂岩预计平均涌水量为 138 m³/h,五₂(丁₅₋₆)煤顶板砂岩预计平均涌水量为 97 m³/h,水灾隐患突出,尤其是硐室大断面更增加了后期的治水难度。

首山一矿主斜井开口位于主立井东南侧,距主立井直线距离为 53.7 m,中心底板坐标 $X = 3 743 700.031$ m,$Y = 38 445 867.300$ m,$Z = 100.500$ m,设计长度为 2 581 m。巷道标高为:+100.5~-773.9 m。主斜井下段设计长度为 1 175 m,施工完毕开始进入主斜井中

部搭接硐室的施工,主斜井中部搭接硐室设计长度为 55.8 m。其中,1-1 断面长度为 2 m,
①～②段;1-1～2-2 断面长度为 5.593 m,②～③段;2-2～3-3 断面长度为 19.142 m,③～④
段;3-3～4-4 断面长度为 1.423 m,④～⑤段;4-4～5-5 断面长度为 12.874 m,⑤～⑥段;
5-5～6-6 断面长度为 1.442 m,⑥～⑦段;6-6～7-7 断面长度为 8.474 m,⑦～⑧段;7-7～
1-1 断面长度为 2.903 m,⑧～⑨段;8-8～9-9 断面长度为 2 m,⑨～⑩段为上段联络巷加强
支护段(8-8 断面),长度为 3.259 m,驱动硐室 1(9-9 断面)深度为 4 m,驱动硐室 2(9-9 断
面)深度为 4 m,驱动硐室 3(含砖砌)(9'-9' 断面)深度为 6.6 m,驱动硐室 3+壁龛 2(10-10
断面)长度为 2.3 m,壁龛 3(1)(11-11 断面)长度为 0.9 m,壁龛 3(2)(12-12 断面)长度为
1.5 m,绞车硐室(12-12 断面)深度为 3 m。

岩层赋存情况:巷道所在层位主要以泥岩为主,夹杂着深黑色泥岩,层理明显、块状、不
稳定、易破碎。其中主要岩石坚固性系数为 4～6。

顶底板情况见表 7-1。

表 7-1 顶底板情况表

顶底板名称		岩石类别	硬度	厚度/m	岩性
顶板	基本顶	泥灰岩互层	4	3.6～5.9	灰色、深灰色,块状,镜面发育
	直接顶	灰岩	6～8	3.5～5.0	灰色、灰白色、灰黑色,有碎屑结构和晶粒结构
底板	直接底	泥灰岩	6～8	9.8～14.2	微晶、细晶结构,土黄色,表面有大量突出的横纹

7.3 大断面硐室围岩加固治水注浆施工工艺

7.3.1 注浆施工方案

本次注浆前根据现场实际地质条件提出了以下几种注浆方案:

方案一:选用普通硅酸盐水泥+液体水玻璃注浆法。现有成套的注浆设备,过硬的注浆
技术与成功的注浆经验,一直沿用至今,治水易把握。

优点:注浆材料便宜,造价低。

缺点:普通硅酸盐水泥+液体水玻璃双液浆抗渗性低,浆液扩散单一。

方案二:新型注浆材料注浆法,造孔少,造孔浅,工期短,效果明显。注浆材料选用遇水
不分散注浆料、早凝早强高强注浆料、高性能无收缩注浆料、瓦斯密封孔专用注浆料注浆。

优点:该种材料微膨胀,早期强度高,抗渗性强,注浆结束后工作面涌水量不易反弹,针
对出水量大的明水眼效果显著。

缺点:工程造价高。

方案三:采用马丽散 A+B 料化学浆进行注浆堵水,该方案造孔少,工期短,效果明显。

优点:见效快,堵水效果明显,工期短。

缺点:材料贵,造价高,注浆操作难度大。

方案四:采用双液浆和新型注浆材料+新型布孔法,考虑到平顶山砂岩段竖直裂隙发
育,为保证双液浆的注浆扩散可以更加充分和饱满,采用新型布孔法,在巷道内布多角度

钻孔,达到注浆效果。

优点:相对于纯化学浆液成本低,通过钻孔的多角度交叉布孔,使浆液可以达到预计的扩散位置。

缺点:施工工艺复杂,钻孔角度要求极为精细,技术人员要给出每个钻孔详细的角度。

根据以上四种注浆方案通过成本及施工环境对比,工程成本太高,单一的传统注浆效果单一,最终决定采用第四种注浆方案,既优于传统布孔注浆法,又可以节约成本,注浆后浆液扩散更加充分,符合本次施工的目的。

7.3.2 注浆设计及布置

由于巷道存在顶板破碎现象,为保证巷道安全及正常使用,巷道顶板布置形式为"五五"布置,其中注浆锚索选用 $\phi21.78$ mm×6 500 mm 钢绞线(图 7-1),锚索托盘规格尺寸不小于 300 mm×300 mm×14 mm,间距为 1 500 mm,排距为 2 400 mm,每排 5 根,锚固剂采用 Z2335 型树脂药卷,药卷 6 卷/根,锚固力不小于 200 kN,根据现场实际施工条件可自行增减注浆锚索。

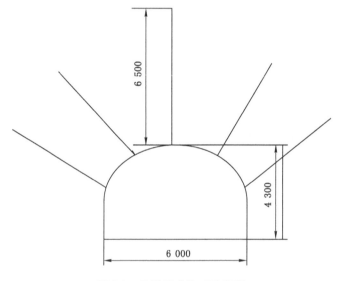

图 7-1 注浆锚索施工示意图

为保证注浆效果,壁后注浆为深浅孔交错布置的全断面注浆方式。其中深部注浆孔加固围岩,浅部注浆孔充填裂隙。深部注浆孔深为 3.5 m,浅部注浆孔深为 2.0 m,深孔、浅孔注浆锚杆交错布置,深、浅孔间、排距为 1 600 mm×1 600 mm,与高强锚杆错开施工。每排布置注浆管根据巷道实际高度打 9~15 根,深孔 5~8 个,浅孔 4~7 个。注浆管 $\phi20$ mm,深部长度为 3.0 m、浅部长度为 1.5 m。注浆压力浅部为 2.5~3.0 MPa,深部为 3.0~5.0 MPa,浆液为水泥+水玻璃浆。注浆锚杆根据现场实际施工条件可以自行增减注浆孔,注浆料消耗量以实际发生为准。

7.3.3 注浆设备及材料

(1)注浆设备:选用 2TGZ-130/130 型双液调速高压注浆泵和与该泵配套的 GS-700 型

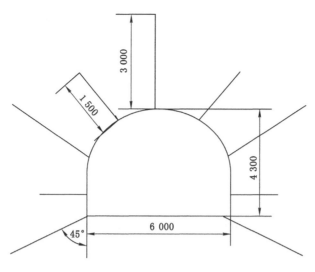

图 7-2 注浆管施工示意图

立式高速拌浆机。

（2）注浆锚索选用 ϕ21.78 mm×6 500 mm 钢绞线,锚索托盘规格尺寸不小于 300 mm× 300 mm×14 mm,注浆管选用 ϕ20 mm×3 000/1 500 mm 两种注浆管,锚固剂采用 Z2335 型树脂药卷,药卷 6 卷/根。

（3）工作面准备 4 个 0.5 m³ 的料桶,分别装水玻璃原液、稀释过的水玻璃、水泥浆及清水。

（4）为增加浆液的结石率,使用新鲜袋装 P·O 42.5 级普通硅酸盐水泥。

（5）为减少浆液损失,加强堵水效果,使用特级液体水玻璃(浓度为 38～40 °Bé,模数为 2.8～3.2)。

（6）加固收水管使用水泥锚固剂。

（7）其他:选用 ϕ25 mm×6 MPa 一片式高压不锈钢球阀与收水管连接。

7.3.4 注浆参数

（1）水泥浆液的配制:水泥浆液的水灰比为 1∶0.8～1∶1(质量比)。

（2）水玻璃浆液的配制:浆液与水玻璃浆液配合比为(1∶0.3)～1(体积比),开始注浆时,使用 10～15 °Bé 的水玻璃浆液,正常注浆时,使用 20～25 °Bé 的水玻璃浆液,终孔注浆时使用 36～40 °Bé 的水玻璃浆液或原液封孔,注浆配合比根据现场实际地质条件适当调整。

（3）注浆压力:注浆压力是浆液扩散、充塞、压实的动力。浆液在岩层裂隙中扩散、充塞的过程,就是克服流动阻力的过程。注浆压力大,浆液扩散远,耗浆量大,会造成浪费。注浆压力小,浆液扩散近,耗浆量小,有不交圈、封堵不严的可能,因此正确选择注浆压力及合理运用注浆压力,是注浆过程中的关键问题。

根据以往注浆经验和实际地质条件,最终确定注浆锚索压力为 5～7 MPa,注浆管压力:浅部为 2.5～3.0 MPa、深部为 3.0～5.0 MPa。

（4）扩散半径:浆液的扩散半径在压力不变的情况下,是随着岩石的裂隙和井壁与岩面之间的空隙不同而不同,因岩层裂隙和井壁与岩石之间空隙的不均匀性,浆液的扩散半径有较大差异,因此,合理确定浆液的扩散半径,对节约材料、缩短工期、保证质量有重大意义。本次注浆浆液扩散半径控制在 2~3 m。

(5) 浆液消耗量对施工工期和工程造价有直接影响,根据以下公式计算。

① 壁后注浆浆液注入量:

$$Q_1 = Vna$$

式中　Q_1——注浆量 m³;

　　　V——需充填注浆体积 m³;

　　　n——孔裂隙率(岩石段一般取 1%~3%);

　　　a——浆液损失系数(1.1~1.5)。

双液浆:

水泥用量:214.9 t,水玻璃用量 153.5 t。预计消耗:$\phi 20$ mm×3 000 mm 注浆管 210 根,$\phi 20$ mm×1 600 mm 注浆管 175 根。

② 注浆锚索注浆浆液注入量:

$$Q_2 = Vna$$

式中　Q_2——注浆量 m³;

　　　V——需充填注浆体积 m³;

　　　n——孔裂隙率(表土段一般取 1%~3%);

　　　a——浆液损失系数(1.1~1.5)。

双液浆:

水泥用量:125.2 t,水玻璃用量 89.4 t。

预计消耗:$\phi 21.78$ mm×6 500 mm 注浆锚索 120 根,$\phi 300$ mm×300 mm×14 mm 锚索托盘 120 个,Z2335 型树脂药卷 720 根。

壁后注浆及注浆锚索合计消耗水泥 340.1 t,水玻璃 242.9 t。

7.4　工程效益评价

(1) 驱动硐室长 55.8 m,如果采用架金属支架支护的形式,需要消耗金属支架 112 架。由于硐室断面面积大,需要加高金属支架长度,累计消耗材料费用:36U 型钢金属支架累计费用为 88.7 万元和配合每架需要的卡兰费用为 100 万元左右,累计消耗人工费用 91.2 万元,节约成本 191.2 万元。

(2) 如普通支护,需要进行排水,每年节约排水费用 180 万元。合计采用壁后注浆锚杆+注浆锚索进行壁后注浆支护综合节约费用 371.2 万元左右。

7.5　主要创新技术

该项目针对大断面硐室过富含水层的技术难题,根据现场的实际地质情况,针对不同的涌水情况,以普通注浆法为参考,通过注浆锚杆和注浆锚索的联合支护应用,先对顶板的砂岩涌水进行注浆封堵,在注浆锚杆的基础上施工注浆锚索,为其提供可靠的着力基础,注浆加固深部高应力松软复杂围岩,以此提高支护形成的承载结构稳定性和岩体的强度,使大断面硐室的涌水量由注浆前的 35 m³/h 降至 1 m³/h 以下,达到了注浆堵水的目的,优化了提升环境,提高了硐室服务年限,减少了排水费用,主要创新点如下:

(1) 利用注浆锚杆＋注浆锚索联合支护技术注浆加固深浅部砂岩裂隙带,可有效提高被支护结构的整体性和承载范围。

该项目针对大断面硐室过富含水层的难题,采用了锚杆注浆支护,先进行了砂岩裂隙带的加固,在注浆锚杆的基础上施工注浆锚索,为其提供可靠的着力基础,注浆加固深部高应力复杂砂岩,以此提高支护形成的承载结构稳定性和岩体的强度,达到注浆堵水及长久支护的目的。

由于巷道存在顶板破碎现象,为保证巷道安全及正常使用,巷道顶板布置形式为"五五"布置,其中注浆锚索选用 $\phi21.78$ mm×6 500 mm 钢绞线,锚索托盘规格尺寸不小于 300 mm×300 mm×14 mm,间距为 1 500 mm,排距为 2 400 mm,每排 5 根,锚固剂采用 Z2335 型树脂药卷,药卷 6 卷/根,锚固力不小于 200 kN,根据现场实际施工条件可以自行增减注浆锚索。

为保证注浆效果,壁后注浆采用深浅孔交错布置的全断面注浆方式。其中深部注浆孔加固围岩,浅部注浆孔充填裂隙。深部注浆孔深 3.5 m,浅部注浆孔深 2.0 m,深孔、浅孔注浆锚杆交错布置,深、浅孔间、排距为 1 600 mm×1 600 mm,与高强锚杆错开施工。每排布置注浆管根据巷道实际高度打 9～15 根,深孔 5～8 个,浅孔 4～7 个。注浆管 $\phi20$ mm,深部长度 3.0 m,浅部长度 1.5 m。注浆压力浅部为 2.5～3.0 MPa,深部为 3.0～5.0 MPa,浆液为水泥＋水玻璃浆。注浆锚杆根据现场实际施工条件可以自行增减注浆孔,注浆料消耗量以实际发生为准。

(2) 采用注浆锚索在高压注浆加固巷道深部围岩的同时,形成双层的注浆帷幕,对砂岩含水层起到了很好的隔离作用。

注浆锚杆施工过后巷道周边浅部砂岩得到有效注浆充填,与预应力钢绞线注浆锚索支护和高压注浆支护相结合,在高压注浆加固巷道深部围岩的同时,可形成双层的注浆帷幕,对砂岩含水层起到了很好的隔离作用,确保后期的砂岩隔绝,避免了在使用过程中渗漏水现场的发生。

(3) 注浆锚杆＋注浆锚索支护后替代了金属支架的支护,从而减少了后期的硐室维修成本及工序,节约了成本。

通过深部注浆支护材料的移动充填加固,可释放浅部岩体变形能,从而降低围岩应力。使用锚索高压注浆后,对深部扩大的塑性破裂岩体及时加固,提高了注浆范围内岩体的强度和刚度,改善深部围岩结构特征,保护浅部支护结构体的稳定,避免了硐室对金属支架的依赖,节约了硐室的建造成本。

8 井巷浅部围岩加固与深部组合锚索补强加固注浆

8.1 引言

随着矿井深度的逐步延伸,在复杂地质条件下,常规锚网喷＋锚索支护形式已满足不了支护要求。造成巷道在深部软岩高应力作用下出现变形严重、脱皮掉块等安全隐患,通过注浆锚杆与注浆组合锚索联合注浆支护后,深浅部松动围岩得到了有效控制,达到了长久支护的目的。

在矿井深部巷道受埋深、岩性、应力和采掘的影响而出现变形大、稳定性差及支护困难等问题,从而造成生产过程中存在极大的安全隐患,严重制约安全生产。深浅部注浆支护技术是一种将注浆锚杆与注浆组合锚索支护技术相结合的新型联合支护体系,利用浅部锚杆注浆做着力基础,通过深部的组合锚索注浆将围岩胶结成整体,改善深浅部围岩的结构及其物理力学性质,既加强了围岩周边松动圈的充填加固,又为组合锚索注浆提高了可靠的着力点,发挥了组合锚索的全长锚固作用,从而有效地控制了巷道的变形,尤其是对松软破碎岩体的支护效果极为明显。

通过注浆使浆液在压力作用下先对浅部岩层内裂隙、缝隙、孔隙进行充填,浆液在巷道周边固化后与浅部岩层形成坚固的整体,同时提高巷道围岩密贴程度和承载应力。组合锚索施工后再进行高压充填加固,实现了以围岩为支护依托和参与体,形成重造组合体的动态支护体系,以提高深部围岩自身强度和承载能力,使巷道支护保持长时间稳定。很大程度上解决了巷道支护难题,提高了安全生产效率,保障了施工安全,在今后深部矿井支护中具有重要的现实意义。

采用注浆支护技术加固巷道深部岩层,随着不断发展和应用,已逐渐被人们所认识,尤其得到了工程界工程师们的高度重视,但是存在的问题也暴露出来。目前存在的主要问题是尚无完善的检测标准和施工期间判断浆液固结状态的方法,即达到注浆设计目的的可靠性。目前注浆施工多靠经验,而这些已经不能适应要求。因此,当务之急是取得该领域技术的进步。近年来,随着矿井开采范围的扩大,开采深度的不断增加,致使开采条件越来越困难,尤其是大埋深、复杂构造和采动应力下煤岩体自身膨胀给巷道支护带来的叠加应力,对煤矿巷道支护的破坏相当严重。

注浆技术目前已成为我国岩土工程技术领域一个重要分支,具有施工设备简单、投资小、损耗少、操作工人少、工期短、见效快、施工中产生的噪声和振动小、对环境影响小、在狭窄的场地和矮小的空间均可施工、加固深度可深可浅、易控制等优点。因而这种方法在土建、市政工程、水利电力、交通能源、隧道、地下铁道、矿井、地下建筑等领域被广泛应用,且具有很好的经济效益和应用价值。

8.2　锚索补强加固注浆的基本原理

锚注支护技术是将树脂端锚支护技术与注浆加固技术相结合而发展出来的一项新技术，将二者技术优势合为一体，因此锚注支护的机理是采用树脂锚固剂进行端部锚固，为锚杆、锚索提供预紧力，满足初次支护强度要求，再采用注浆加固手段向煤岩体中压注可凝性胶结材料。

针对深部巷道软岩破碎带支护的难题，及时采用锚杆注浆支护，先进行围岩松动圈的加固，在注浆锚杆的基础上施工注浆组合锚索，为其提供可靠的着力基础。注浆加固深部高应力松软复杂围岩，以此提高支护形成的承载结构稳定性和岩体强度，达到制止巷道变形和长久支护的目的。巷道在掘进过后，针对软岩破碎岩石，利用注浆锚杆和组合锚索联合支护和注浆加固机理，针对复杂高应力下软岩巷道的特点，以调动和提高围岩自身强度为核心，以改变围岩力学状态为切入点，及时采取有效支护手段，实现施工进程和达到最佳的效果，重造组合体的动态支护体系，以提高围岩自身强度和承载能力，使巷道支护长时间保持稳定。

锚注支护技术不但能强化原支护材料的锚固性能，从根本上保证锚固可靠性，而且胶结材料通过高压作用能够扩散渗透到周围一定范围的煤岩体中，使已出现破裂的岩体或原本就松散破碎的围岩重新胶结固化为整体，从而显著提高围岩的自承能力。由此可见，与常规树脂锚网索支护相比，锚注支护既实现了初锚支护的可靠性，又通过注浆加固破碎围岩，同时为锚杆、锚索锚固端提供了可靠的着力基础。

注浆后胶结材料对岩体裂隙起到充填、封闭作用，形成类岩体，增大原岩体破碎弱面摩擦力和岩块内相对应位移的阻力，即提高原岩体的内摩擦角和黏聚力，改变了原岩体物理力学性质，也阻止地下水、空气等对岩体的泥化、风化作用。特别是在松散破碎岩体中，胶结材料固化后，松散破碎围岩重新胶结成整体，形成一定厚度的注浆壳体，强化了支护材料与围岩的力学联系，同时利用锚杆、锚索自身的轴向约束和径向约束对围岩产生支护与加固作用，与围岩共同形成可靠的组合拱承载结构，包括浅部锚网加固拱、中部注浆加固拱及深部浆液扩散加固拱，进而改善围岩受力状态，扩大支护系统结构的有效承载范围，提高了支护体结构的整体性和承载能力，充分发挥围岩的自稳能力，有利于巷道的长期稳定。

（1）改善围岩刚度和强度

围岩裂隙面在注浆加固以后，岩体刚度和抗剪强度都显著增大。

（2）浆液固结体的骨架作用

浆液注入被注地层后扩散到围岩的裂隙或空隙中，从而在裂隙、空隙中形成条状或者脉状的类似人体骨骼的骨架结构，可以起到支撑作用。

（3）有效减小围岩松动圈的范围

减小围岩位移，显著减小支架上的应力，使巷道维持稳定。

（4）注浆加固防止风化

浆液注入岩层或岩土体内部后，随着浆液沿着裂隙、缝隙或内部空间的扩散能够将内部的空气和水分很好地排除，使内部的空间与外部隔离，空气和水分无法进去就能够有效地防止岩层内部空间风化。

8.3　锚索补强加固注浆的技术优势

近年来,锚注加固技术得到了很大发展,这为解决深井复杂困难条件下的巷道支护问题提供了一条新的技术途径,也为联合支护提供了新的选择。现在锚注加固技术发展到深孔高强锚注新阶段,锚注加固的效果和适用范围因此获得了质的飞跃,为解决一些过去认为难以解决的巷道支护难题提供了可能。总结起来锚注支护对于提高巷道稳定性具有以下优势:

(1) 防水、防锈蚀,延长锚杆/锚索服务年限。

锚注支护技术以中空注浆锚杆、中空注浆锚索为核心,既作为支护材料,也作为注浆通道,通过注浆实现中空注浆锚杆、中空注浆锚索的全长锚固并向外围扩散。注浆材料固化后可隔绝地下水和空气,防止对支护材料的持续锈蚀侵害,保证支护材料性能稳定。

(2) 提高围岩强度,增强巷道自承能力。

注浆材料贯通封堵围岩裂隙,排挤空气和水,防止围岩风化、泥化等对岩体强度造成损害,同时其网络骨架作用将松散破碎围岩胶结为致密整体,提高了围岩的黏结强度、弹性模量及内摩擦角等物理力学参数,并与深部稳定岩体形成一个整体,增强巷道自承能力。

(3) 及时承载,阻止围岩形变。

锚注支护所采用的中空注浆锚杆、中空注浆锚索强度均不低于常规支护材料。在巷道掘出后即采用锚注支护技术,完全可以满足巷道支护强度要求,在支护初期采用常规树脂锚固剂进行端锚,也能及时承受较大围岩形变荷载作用,保证巷道支护可靠。

(4) 高预紧锚固,高压注浆,提高锚注支护范围。

锚注支护的重点是在高预紧力作用下通过高压注浆实现浆液扩散半径的最大化,使浆液充分渗透到破碎围岩体内,同时高压注浆对破碎围岩产生压密作用,以保证锚注支护效果。

(5) 全长锚固,提高锚注支护性能。

借鉴后张法施工原理的锚注支护体,在实现中空注浆锚杆(索)全长锚固的同时,锚注支护体受到锚杆(索)的张力作用处于压缩变形状态,提高了抵抗轴向形变和横向形变的能力,避免锚注支护材料因动压影响而被剪断或拉断,支护性能得到显著提高。

(6) 注浆可靠,施工便利。

锚注支护材料均为中空结构,但强度不低于现有常规支护材料,因此其既可以作为支护材料,也可以作为注浆管,保证注浆可靠性。与原注浆支护相比,省去了施工注浆钢管工序,施工操作与常规树脂锚网索支护相同,只需进行后续注浆工作,施工非常便利。

(7) 浆液固化时间可调,强度高。

采用风动注浆系统,安全可靠,施工简便,注浆材料采用水泥基材料,材料易得,成本低廉,浆液固化时间120～300 s,可根据巷道不同破坏类型加固需要进行调节,且固化后强度在 55 MPa 以上,高于原有破碎岩块。

8.4 锚索补强加固注浆的施工方法

不稳定围岩通过深浅部注浆加固使浆液在压力作用下对岩层内裂隙、缝隙、孔隙进行充填,浆液在岩层中固化后与破碎岩层形成坚固的整体,同时提高了巷道围岩密贴程度和承载能力。以下从注浆锚杆和注浆组合锚索两个方面具体描述。

8.4.1 注浆锚杆

(1)锚杆注浆适应条件

① 巷道施工后围岩应力偏低,围岩变形较小,服务年限较短(≤10 年)的巷道,如采区片盘、联巷及回采巷道。

② 巷道施工后因围岩应力偏高,虽然岩石整体性较好,但是比较破碎,松动圈扩大,围岩变形较大,或因巷道跨度大而出现不稳定现象,或因服务年限在 10 年以上,支护难度较大,上述原因造成经返修仍有可能破坏的巷道,如跨度大于 5 m 的硐室,埋深超过 800 m 的矿井水平大巷、井底车场、采区上下山等。

③ 巷道通过煤层、破碎带、构造带、断层等特殊地质条件的地段后,因围岩较软,节理、层理裂隙发育,有裂隙水,可锚性差,服务年限在 10 年以上、支护困难的巷道,如矿井水平大巷、井底车场、采区上下山等。

(2)锚杆注浆加固方法

① 普通单液注浆加固法:将普通硅酸盐水泥+水按照一定配合比配置的注浆材料,利用注浆泵、注浆导管、注浆钻孔,借助外来压力一次将可固化的液态注浆加固材料注入巷道、硐室等围岩内的裂隙或孔隙中,从而将围岩松动圈固结成一体,形成一定范围的整体帷幕,改善围岩的力学性能,有效提高岩体强度和巷道支护的稳定性。

② 普通双液注浆加固法:在单液注浆加固法基础上,若遇到有水或岩石裂隙、层理复杂、吃浆量大的情况下,利用普通硅酸盐水泥+水玻璃+水按照一定配合比混合后进行注浆加固。

(3)锚杆注浆施工工艺

① 工艺流程:施工准备——→布孔——→造孔——→洗孔——→安装注浆锚杆——→耐压试验——→开泵注浆——→观察注浆情况——→停止注浆——→关闭注浆阀门——→拆除注浆泵与管路——→清洗设备。

② 先采用钻机按照设计沿巷道断面轮廓线打注浆孔,安装注浆管,并封好孔。具体注浆孔布置根据巷道支护和围岩情况,以及注浆材料的扩散半径进行优化设计后确定。

③ 注浆工作必须持续进行,注浆过程中要观察浆液压入情况,待吃浆量明显减少时,压力稳定在 2 MPa 以上 20 min,或巷道表面出现裂缝冒浆时,应立即停止注浆。

④ 注浆压力没有达到设计压力,压力不再上升,此时采取间歇注浆,直至达到"三量"标准。

⑤ 当注浆结束,首先要关闭注浆阀门,打开泄压阀,开泵清洗注浆管路,然后拆除注浆泵与导管连接装置,至此此孔注浆结束。

⑥ 为保证注浆效果,应在巷道围岩充分变形并趋于稳定后开始实施注浆加固,注浆加

固位置应在工作面滞后 100 m 左右。注浆加固时间应在巷道掘进施工滞后 30 d 左右,注浆加固时间的选择还要考虑巷道围岩自然裂隙发育条件和巷道支护变形状况等因素。

⑦ 浅部注浆加固深度应大于围岩松动圈。

⑧ 巷道围岩松动圈的范围可通过超声波探测法、钻孔取芯法、经验公式法等方法获取。

⑨ 每组注浆孔的施工顺序:沿巷道底板由低到高,从下到上,先底角,再两帮,最后顶角。

⑩ 为了提高注浆效果,在巷道围岩注浆加固之前,首先完成第一层次喷混凝土支护工作,确保喷层与围岩表面在封闭密实环境中进行注浆。对于高地应力、大变形的巷道,也可以通过开挖卸压槽,来释放围岩内应力和拓展围岩的裂隙、层理面,待围岩裂隙、层理面趋于稳定后实施注浆加固。

⑪ 现场对施工注浆锚杆钻孔质量要求相当高,锚杆注浆孔采用深浅相结合,深孔 3.5 m,浅孔 2 m,保证注浆孔的设计间、排距为 1.6 m,并要求垂直于岩面施工,底角注浆锚杆径向夹角为 50°~60°,要严格控制孔深,使其与注浆锚杆配套。浆液配合比、水灰比和注浆终压应满足设计要求;漏浆时可采取间歇式注浆,达到充填饱满的目的;当注浆达不到设计终压,一般是浆液沿大裂隙定向扩散所致,可增加一定水玻璃用量,堵塞裂隙通道,并隔一段时间后在该孔周边造孔进行复注,以保证围岩内浆液扩散均匀,充填密实。

⑫ 注浆设备选用 2ZBQ40/11 型风动注浆泵和 TL-200 型立式风动搅浆机。造孔使用 YT-28 型风动凿岩机,配 φ32 mm 一字形合金钻头,使用 φ22 mm 长 3.5 m 中空钢管作为钻杆。安装相配套的中空注浆锚杆进行注浆。

8.4.2 注浆组合锚索

根据巷道围岩性质和巷道破坏原因,确定采用围岩注浆加固及注浆组合锚索支护技术对失修巷道和新建矿井进行治理,以解决后期运输瓶颈问题。实践证明,注浆与组合锚索联合加固深部围岩成为煤矿软岩巷道维护的有效方式。

(1) 支护原理

控制高地应力软岩巷道变形的关键在于提高深部围岩支护承载结构的整体稳定性和承载能力,而非单纯控制巷道局部的连续性变形。联合支护、复合支护和耦合支护均在生产实践中成功应用,其中耦合支护技术提出支护与围岩在刚度、强度和结构三方面耦合,从而控制软岩巷道变形,但是其关键部位的判别主要依靠巷道围岩表面的变形特征。而在高地应力破碎软岩巷道中,巷道深井岩体已产生较大塑性变形甚至离层,尽管对该部位实施耦合支护在某种程度上能够控制其局部的非连续变形,但对提高支护承载结构整体稳定性和承载力作用较小。

通过对高地应力软岩巷道破坏变形的现状进行分析,高地应力软岩巷道的支护和加固围岩深度应穿过巷道围岩的塑性软化区和流动区,深入可以恢复和保证自身稳定的弹性区和塑性硬化区。因此,高地应力巷道综合支护技术需坚定"合理选择巷道断面,维护巷道围岩结构,一次让压、二次抗压"的支护理念,坚持"卸压让压,抗压阻压,卸让适度,让抗协调"的支护原则。

对于巷道围岩浅部支护过后作为一次高阻让压支护形成的支承圈,及时进行深部二次支护,利用支承圈受力形态好、结构整体强度高和厚度均匀等优点,在巷道浅部破裂区围岩中形成结构完整、厚度均匀、受力均匀、强度高的封闭环形圈体结构。支承圈具有刚度大、强度高、受力均匀、能够整体移动变形等特点,主要作用是卸载压力,支护浅部松散围岩使之稳定。支承圈是在保证巷道围岩不失稳的前提下充分释放岩体变形能,同时控制浅部围岩初期快速变形和支护巷道围岩初期稳定,预留支承圈变形时间,释放岩体变形能,转移集中压力向深部扩展。

对于巷道围岩深部支护,要求支护体有足够的长度能够穿过深部围岩流动区和塑性软化区,以及具有足够的抗压强度,所以采取组合锚索高压注浆支护技术。组合锚索高压注浆支护技术是将预应力钢绞线束支护和高压注浆支护相结合的支护技术,在高压注浆加固巷道深井围岩的同时形成可施加预应力的注浆桩体。

(2) 注浆组合锚索施工技术

要使组合锚索高压注浆支护技术实现,材料选择、设备选型、施工工艺等必须能够满足以下要求:在锚索束深入巷道深井破碎围岩后能够实现高压注浆加固深部破碎围岩;锚索束有强着力点的同时必须保留其可张拉性,用以施加预应力。

由于安装时锚索束垂直于巷道切线方向深入岩层的角度不同,锚索束端部间距较大,对浆液的扩散半径要求较高[$D=B(R+L)/2R$,D 为扩散半径,B 为组合锚索间距,R 为巷道半径,L 为组合锚索长度],通常在 5 m 以上。通过试验,采用预注浆封孔技术,提高封孔段强度,以满足高压注浆要求。采用套管预留安装工艺,在锚索束与水泥浆液相互胶结产生着力点的同时,预留出足够的可张拉长度来施加足够的预应力。

8.5 锚索补强加固注浆的施工工艺

8.5.1 施工方案

(1) 壁后注浆

浅部注浆采用深浅孔注浆管交错布置的全断面注浆方式(图 8-1),深孔深 3.5 m,浅孔深 2 m,深孔、浅孔注浆锚杆交错布置,深、浅孔间排距为 1 600 mm×1 600 mm,误差为 ±100 mm,每排 9 根。注浆管采用 ϕ20 mm 中空注浆锚杆,深孔长度为 3 m,浅孔长度为 1.6 m,注浆压力:浅部注浆孔为 2.5~3.0 MPa,深部注浆孔为 3.0~5.0 MPa。注浆浆液以水泥单液浆为主,水泥+水玻璃浆液为辅。

(2) 注浆组合锚索支护

注浆组合锚索每套由 3 根 ϕ22 mm×16 000 mm 钢绞线锚索组成,设计间、排距为 3 000 mm×3 000 mm,3 套/排(图 8-2)。整束注浆组合锚索由钢绞线、导向帽、支撑架、排气管、注浆管组成。锚索盘采用 ϕ360 mm×20 mm 厚钢板与 ϕ260 mm×10 mm 厚钢板焊接而成,锚索盘上钻孔 3 个。锚索锁具采用 ϕ200 mm×60 mm 厚高强铸铁组合锁具。导向帽采用 DN50 mm×200 mm 钢管加工,钢管端头做成锥形,方便锚索穿入锚索孔。3 根钢绞线靠支撑架固定,每 2 m 绑扎一个支撑架。支撑架采用 ϕ25 mm 钢管焊接 6 根 ϕ6 mm×100 mm 长钢筋加工而成。ϕ8 mm 塑料管安装在支撑架内作为注浆时的排气管。安装完成后,进行注浆施工,封孔注浆管采用 ϕ20 mm×1 500 mm 的注浆塑料管,孔内注浆采用 ϕ20 mm×3 000 mm 的注浆管,安装 ϕ15 mm 球阀进行注浆(图 8-3)。注浆以水泥单液浆

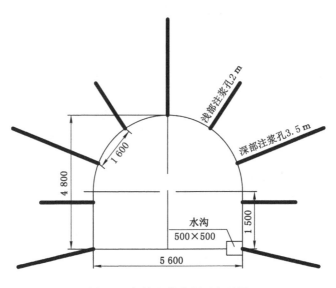

图 8-1 深浅注浆孔断面布置图

为主,水泥采用 P·O42.5 级新鲜硅酸盐水泥,按 8% 的比例添加 ACZ-1 型水泥添加剂,注浆终孔压力宜为 6～8 MPa。10 d 后对注浆组合锚索逐根进行张拉。张拉前安装锚盘时要先找平孔口,安装锚具,然后穿上千斤顶进行张拉,张拉要逐股分组循环张拉,单根锚索张拉力不小于 100 kN。

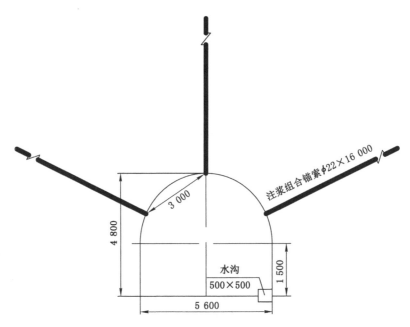

图 8-2 注浆组合锚索断面图

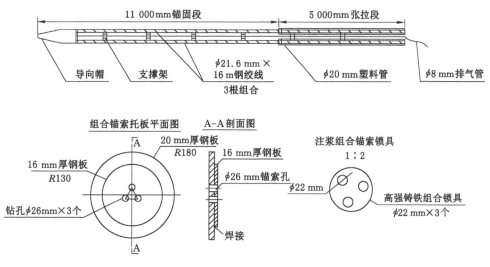

图 8-3 注浆组合锚索平面图

8.5.2 施工设备及机具

图 8-4 为 ZDY4500LXY 煤矿用履带式液压钻机施工现场图。

图 8-4 ZDY4500LXY 煤矿用履带式液压钻机施工现场图

（1）用途及使用范围

ZDY4500LXY 煤矿用履带式液压钻机主要用于煤矿井下钻进瓦斯抽（排）放孔、注水灭火孔、煤层注水孔、放顶卸压孔、地质勘探孔及其他工程孔。适用于岩石硬度系数 $f \leqslant 10$ 的各种煤岩层。钻机独立行走，原地转弯，要求巷道断面面积大于 8.5 m^2，高度大于 2.4 m，宽度大于 3.5 m。

（2）主要结构及工作原理

钻机主要由履带底盘、立柱组件、导轨组件、油箱组件、操作机构、动力头、夹持器、动力系统，冷却器等组成。

（3）本钻机的优点

① 作业安全，能显著降低工人的体力劳动强度。

② 工作机构与动力系统合为一体,其具有体积小、结构紧凑、全液压控制、操作方便灵活、履带行走、移位方便、机动性好、省时、省力等特点。

③ 该钻机宽度小于 1 m,导轨可实现水平±180°旋转,俯仰-50°~+90°调角,垂直700 mm升降距离,所有功能全部实现液压控制,稳钻调整快速灵活,可以在任意需要位置打孔,完全满足在煤矿井下高(低)抽巷、胶带巷等狭小空间内钻孔、探水、地质勘探等不同需求。

④ 该机液压系统简单易操作,推进速度可根据不同工况方便控制,人性化程度高。液压泵站采用负载敏感系统,空载时消耗功率小,随着负载变化功率相应增大,达到节能作用。

⑤ 该钻机可根据客户需要配备不同钻具,其中低牙螺旋钻杆对易塌孔的岩石效果更好,优质的金刚石复合钻头对硬度系数高的岩石钻进时效率及使用寿命显著提高。

⑥ 本钻机采用液压油缸垂直支撑顶板方式,转盘回转机构解决了支撑过程中力的转换,使钻机定位和稳钻更快速方便。

⑦ 该钻机配备高强度钻杆或者低牙螺旋钻杆,螺旋丝扣连接,采用风(水)排粉方式,钻进深度可达 400 m。尤其是低压螺旋钻杆,在易塌空的工作地点,配合采用风排粉和螺旋排粉,能够取得更佳效果。

(4) 注浆设备

注浆设备选用2ZBQ40/11型气动注浆泵(详见图 8-5 及表 8-1),其特点为:

① 体积小、重量轻、移动搬运方便,适应移动频繁的多点注浆。

② 由于采用气压传动,使泵的注浆性能非常适合注浆压力低时需要大流量,而注浆压力升高时需要小流量的工况。

③ 因采用气压传动,在易燃、高爆、淋水、尘埃粒径大等工作环境下也可以使用。

图 8-5 2ZBQ40/11 型气动注浆泵

表 8-1 注浆泵参数表

型号	额定流量/(L/min)	额定压力/MPa	耗气量/(m³/min)	质量/kg	尺寸/m
2ZBQ40/11	40	11	1.5	83	0.88×0.48×0.7

(5) 组合锚索张拉机具(详见图 8-6 及表 8-2)

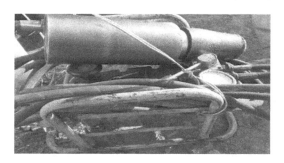

图 8-6　YDC-350/60 型张拉千斤顶及气动油泵

表 8-2　张拉千斤顶参数表

型号	额定顶力/kN	行程/mm	缸径/mm	质量/kg	中心孔径/mm
YDC-350/60	350	125	100	29	25

8.5.3　施工关键技术

8.5.3.1　壁后注浆

注浆施工时,采用深浅孔间隔布置,先施工浅部注浆孔,按从下到上的顺序施工两帮及拱部注浆孔,成孔后及时安装注浆锚杆及阀门,并使用锚固剂将孔口周边锚固。注浆时,任一孔出浆及时关闭阀门,将四通安装于上一孔进行注浆,最后对深孔进行注浆,直至顶板孔漏浆或达到设计压力为止。

注浆过程中,为确保注浆加固效果,采取从下到上、先浅孔后深孔的施工顺序,确保注浆效果达到要求。如果巷道围岩较为破碎或巷道出现漏水(漏浆)现象时,正常注浆以单液水泥浆为主,水泥＋水玻璃双液浆为辅。注浆加固后,使巷道围岩形成一个坚固的外壳整体,以确保巷道浅部围岩的加固效果。

（1）注浆设备及材料

注浆设备选用 2ZBQ40/11 型风动注浆泵及与之配套的 TL-200 型立式搅拌机。

造孔使用 YT-28 型风动凿岩机,配 $\phi43$ mm 一字形合金钻头,使用 $\phi22$ mm 长 $2\sim3.5$ m 的中空钢管作为钻杆。

用 4 个 0.5 m³ 的料桶分别装水泥浆、清水、水玻璃原液、水玻璃浆液。

水泥选用 P·O42.5 级普通硅酸盐水泥。

水玻璃选用模数为 2.8～3.2、浓度为 38～40 °Bé 的专用液体水玻璃。

注浆锚杆使用 $\phi20$ mm×1.6 m、$\phi20$ mm×3 m 的中空注浆锚杆进行注浆。

（2）施工工艺流程

施工工艺流程:临时支护──→铺网──→施工中空注浆锚杆──→喷浆──→中空注浆锚杆注浆──→施工中空注浆锚索──→喷浆──→中空注浆锚索注浆。

（3）技术要求

① 造孔。钻头直径与锚杆直径差值应控制在 6～10 mm。造孔时必须按照先浅孔后深孔、先下部后上部的顺序进行,孔深大于锚杆长度。成孔后必须将眼内的碎屑、积水清理

干净。

②　安装注浆锚杆。将锚杆缓缓送入孔内,外漏部分不大于50 mm。

③　锚杆间、排距和角度误差必须满足《煤矿井巷工程质量验收规范》的相关要求。

（4）注浆施工质量管理

①　注浆工程必须加强过程控制,按工序进行验收,确保所有工序满足规范和设计要求。

②　应对注浆加固工程的主要材料、设备、设施等进行现场验收,验收合格后方可进行注浆施工。

③　施工现场每根注浆锚杆必须挂牌管理,牌上主要内容包括施工时间、施工负责人、注浆量、注浆终孔压力、注浆持续时间。

④　注浆施工期间建立质量验收台账,搜集保存完整的注浆质量控制资料。

⑤　注浆孔封孔压力不低于注浆终压,封孔浆液凝固良好,注浆孔口处无漏浆现象。

⑥　根据注浆巷道长度,10～20 m打一组补强注浆孔,每组补强注浆孔不少于3个,进行注浆质量检查验收。

（5）注浆工艺流程

①　布孔:按照设计位置均匀布孔。

②　造孔:因壁后有锚杆、钢笆网,造孔过程中若不慎打中这些结构,则该孔不能作为注浆孔,换位置重新造孔,废孔用水泥锚固剂糊好磨平。

③　埋管:根据注浆孔的深浅安装已准备好的注浆锚杆,并使用锚固剂加强锚固。

④　球形阀及注浆管路的安装:注浆锚杆安装完毕,安装球形阀,再安装四通及卸压阀,最后连接高压注浆管。

⑤　压力试验:将管路连接好以后开泵注压清水,测定巷道壁的受注能力,检查巷壁是否有漏水现象。如有漏水现象,在注浆前处理。

⑥　注浆:注浆由下而上,根据压力试验情况进行浆液配比,观察进浆情况的同时随时调整流量、浆液浓度,达到设计注浆压力和加固效果即可停止注浆。

⑦　跑、漏浆的处理:在注浆过程中发现跑、漏浆现象时可根据现场跑、漏浆情况采取糊、停、点注等方法处理,以减少浆液损失,达到注浆预期目的。

⑧　注浆管外露端的处理:注浆结束后注浆管外端留的长度不大于50 mm,否则进行处理,然后用水泥锚固剂抹平。

⑨　注浆前由测量人员配合施工队技术员按照设计的间、排距准确标出注浆孔的位置。

⑩　注浆前要认真检查注浆机具,保证注浆泵、混合器、孔口位置、管路及测试仪表运转正常,使用可靠。

⑪　注浆期间,孔口监护人员要不断检查注浆设备及管路的完好情况,保证注浆工作顺利进行。

⑫　注浆前浆液要充分搅拌,进浆过程中要随时观察压力表和孔口周围的巷壁。当注浆压力达到设计终压或巷壁出现异常时,立即停泵关阀或打开卸浆阀。

⑬　巷壁和注浆锚杆周围有漏浆现象时,要及时封堵。

⑭　因故障等原因不能连续注浆作业时,要用清水对注浆泵和注浆管路反复冲洗,防止

浆液凝固堵塞管路。

⑮ 注浆结束后搞好现场文明生产。

8.5.3.2　注浆组合锚索施工

（1）造孔

造孔使用 ZDY4500LXY 煤矿用履带式全液压坑道钻机（图 8-7），配 ϕ94 mm 钻头以及 ϕ73 mm×1 000 mm 三棱钻杆。

图 8-7　注浆组合锚索专用造孔设备

（2）组装组合锚索

整束组合锚索由钢绞线、导向帽、支撑架、排气管、注浆管组合而成。导向帽采用 DN50 mm×200 mm 钢管加工，钢管端头呈锥形，方便锚索穿入锚索孔。3 根钢绞线靠支撑架固定，支撑架采用 ϕ25 mm 钢管焊接 6 根 ϕ6 mm×100 mm 长钢筋。每隔 2 m 绑扎一个支撑架。排气管为内径 ϕ8 mm TPU 塑料管（壁厚 2 mm），安装在支撑架内（长 16 m）（图 8-8 至图 8-12）。

图 8-8　组合锚索现场组装图

（3）安装组合锚索

图 8-9 导向帽安装在组合锚索最前端

图 8-10 支撑架安装在 3 根锚索束中间

（a）导向帽

（b）支撑架

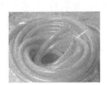

（c）ϕ32 mm 塑料套管

（d）ϕ6 mm 排气管

图 8-11 组合锚索分部示意图

（整束锚索由 3 根 ϕ22 mm×16 000 mm 的钢绞线、导向帽、ϕ32 mm 塑料套管、支撑架组合而成）

图 8-12 组合锚索安装效果图

组合锚索安装前,距孔口 6 m 段每根钢绞线锚索需安装 φ25 mm 塑料套管作为伸缩段,为防止套管内进浆,在套管内端用棉线缠在钢绞线锚索上并使用铁丝绑扎,或用水泥将缝隙封闭。安装时使用两个手动葫芦将组合好的注浆组合锚索缓慢送入孔内,外露长度为 350～450 mm,误差为 +50 mm。安装到位后,穿入 2 根 φ20 mm 注浆管,分别为 1.5 m 长注浆塑料管(封口管)和 3 m 长注浆管。为防止组合锚索下坠,除顶板孔外,在距锚索孔 200 mm 位置处斜着打一个贯通孔并使用铁丝与组合锚索绑扎,顶板组合锚索安装完毕外露段使用 2 寸管进行固定。

(4)封孔

将编织袋和水泥塞入孔内,距孔口 300～400 mm。孔口水泥凝固 24 h 后利用 1.5 m 长注浆塑料管使用双液浆封孔,注浆封孔深度为 2 m。浆液凝固 2～3 d 后进行孔内注浆。

(5)注浆

通过 3 m 长注浆管对锚索孔注浆,注浆以单液浆为主,排气管有出浆现象(证明浆液已注至孔底),此时将排气管用铁丝绑扎进行封闭,封闭后加压注浆。

(6)张拉

注浆结束 10 d 后进行张拉(观察是否有滴水现象),安装相配套的锚索盘及锁具,锚索盘紧贴岩面,锁具安装后逐根张拉,单根张拉强度不低于 100 kN。

在该区域通过深浅部注浆加固联合支护后的巷道,改变了节理裂隙发育的软弱围岩的松散结构。提高周边围岩松动圈黏结力的同时,更深部岩层得到有效支护,显著提高了围岩稳定性,及时制止了巷道在高应力下的变形破坏。通过注浆加固使锚杆、锚索对松散、破碎岩层的锚固作用得以发挥,从而明显改善矿井生产条件,保证巷道长久支护稳定。

8.6 典型工程应用实例

该项深浅注浆加固联合支护施工技术自 2018 年 5 月以来在平煤集团十三矿东翼通风系统改造新进风井井底车场和 −685 m 进(回)风大巷及其附属巷道支护施工中得到了有效应用。通过现场观测分析巷道变形情况,采用注浆联合支护的巷道松动破碎围岩得到了有效控制,提高了深浅部围岩的强度和自承能力,保持了巷道的稳定,实现了矿井安全、高效生产。以 −685 m 进风大巷为例进行以下阐述。

(1)工程概况

新进风井 −685 m 进风大巷总长 496.374 m,支护形式为锚网喷＋锚索支护,巷道断面:净宽×净高＝5 600 mm×4 800 mm,$S_{掘}$＝25.47 m²,$S_{净}$＝23.52 m²。开口处在 L_1 灰岩上部和 L_1 灰岩以上的砂质泥岩中,由井底车场一号交岔点前 40 m 处调整大巷方位为 157°,新进风井 −685 m 进风大巷布置在石炭系太原组 L_1 顶板的砂质泥岩中,L_1、L_2 灰岩为该巷直接充水含水层,其中 L_1 灰岩厚约 9.3 m,L_2 灰岩厚约 5 m。

由于巷道埋藏深,岩石应力较大且分布复杂,导致巷道顶板及两腮出现大面积浆皮脱落等巷道破坏现象(图 8-13 至图 8-16),影响巷道有效支护断面,并影响巷道行人和运输安全,为控制巷道顶板变形及提高巷道围岩稳定性,提高围岩的整体强度和自身的承载能力。及时采用注浆锚杆与注浆组合锚索联合支护的方法,提高了支护效果,创造了良好的生产环境。

图 8-13 巷道在高应力下顶板损坏情况

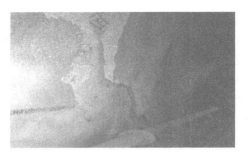

图 8-14 巷道受压后帮部破坏情况

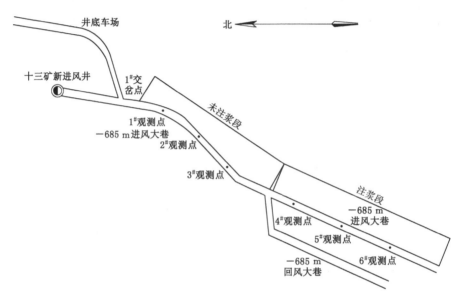

图 8-15 十三矿－685 m 进风大巷沉降观测点布置图

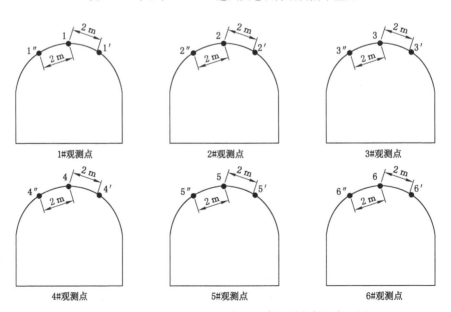

图 8-16 十三矿－685 m 进风大巷沉降观测点断面布置图

8.7 工程效益评价

8.7.1 经济效益分析

注浆锚杆＋注浆组合锚索复合支护技术在十三矿东翼通风系统改造新进风井井底车场和－685 m进风大巷的成功应用取得了实质性的进展,与普通锚杆或锚索单一支护相比,及时加固了围岩、制止了巷道变形,大幅度减少了后期维修费用的投入,有效确保了巷道服务年限,最重要的是保证了巷道使用期间的安全可靠。本次为了对比巷道支护效果,对其中－685 m进风大巷300 m段软岩巷道做了注浆锚杆＋注浆组合锚索支护各项费用对比分析,具体费用数据如下:

采用锚网喷＋锚索联合支护形式,在顶板变形之前,在原设计锚网喷＋锚索联合支护形式基础上增加注浆锚杆＋注浆组合锚索,巷道未采用注浆与锚索联合支护段,按照300 m计算,巷道采用注浆锚杆＋注浆组合锚索联合支护形式,费用为450万元。后期巷道变形破坏后一次维修费用为180万元。巷道服务年限按50年计,每10年维修一次,合计费用为900万元。采用注浆锚杆与注浆组合锚索联合支护后节省了后期返修费用合计450万元。

综合以上分析,从技术的应用效果来看,确保了矿井正常生产和安全使用,节省了各项维修费用,最终获得经济效益450万元。

8.7.2 社会效益

大埋深高应力下的巷道采用深浅注浆加固联合支护技术施工,节约了巷道返修费用,降低了生产成本,提高了使用安全性。减少巷道维修对围岩造成的二次破坏,大幅度提高了巷道的服务年限。

通过采用该注浆支护技术施工,减少了巷道维修带来的系统影响,为矿井连续生产创造了有利条件,间接经济效益显著。同时避免了巷道维修等带来的一些安全事故,大幅度提高了安全运行系数。

该项目的研究及成功应用,为平煤集团及其他同类地质条件下巷道支护提供了技术参考和依据。

8.8 主要创新技术

(1)组合锚索高压注浆支护技术方案,是在传统的锚网索支护基础上加入组合锚索高压注浆和壁后注浆工艺,能够最大程度地充填围岩裂隙,大幅度改善围岩结构和性质,而且形成全长锚固联合支护,提高抗剪强度,有效抑制围岩松动圈向深部转移,提高巷道围岩的整体性和稳定性。

(2)通过劈裂注浆增大注浆浆液扩散半径,使深部围岩强度相对软化的软岩固化成强度较高的"混凝土"结构,与浅部围岩形成一个封闭的强大的承载结构,以最大程度发挥围岩的自承能力和支护体系支撑能力。

（3）注浆锚杆＋注浆组合锚索高压注浆联合支护技术，能够有效加固大断面深部高应力软岩巷道，可有效控制高应力复杂破碎围岩巷道的变形，支护强度高，具有很好的推广应用价值。

9 梁北二井综合注浆

9.1 引言

为保证煤矿巷道在断层影响下顺利掘进,实现安全生产,必须研究并完善一种综合注浆技术来解决巷道过大断层和强含水层所面临的难题。

9.2 工程概况

梁北二井为新建矿井,井田北部边界为南关正断层(F3)和二₁煤层露头,南部以虎头山正断层(F1)和人为边界为界,东部为人为边界,西部以 013 勘查线为界。013 勘查线以西、虎头山正断层(F1)以南西段为梁北一号井田,本区为一微倾斜平原区,地形平坦,井田内地势西北高东南低。

主井位于河南省许昌市禹州市褚河乡巴庄村东南部,井筒中心坐标为 $X=3\,774\,292$ m, $Y=38\,455\,268$ m, $Z=+104.5$ m,设计净直径为 5.5 m,净断面面积为 23.8 m³,深度为 816.5 m,由于第四系较厚,且水量较大,井深 540 m 以上采用冻结法施工,540 m 以下采用普通凿井法施工。该井筒于 2011 年 9 月开工建设,采取冻结法施工,冻结深度为 540.7 m(冻结段已施工完毕),2012 年 8 月停工,停工时已施工 606 m(标高－501.8 m)。从停工位置至井底车场底板,井深 606～804.2 m(标高为－501.8～－700 m),井底水窝 12.3 m,剩余总工程量为 210.3 m。建成后主要担负全矿井的原煤提升任务,兼作矿井进风井,由于井下地质条件复杂,主要贯通线路－690 m 进风石门需要穿过多个断层及含水层。

9.2.1 地质概况

(1) 地层

梁北二井－690 m 水平位于四段煤:底界止于三、四煤段分界,为砂岩(S4)底界。埋深为 786～848.3 m,厚度为 62.3 m。由浅灰色细、中粒砂岩,灰～深灰色泥岩、砂质泥岩和煤组成。中上部含四₆煤,厚度为 0.3～1.3 m(大部分可采)。下部为绿灰色沙质泥岩,含铝土、鲕粒,具紫斑。底部砂岩(S4)为灰色细、中粒砂岩,含菱铁质结核及泥质包体。

(2) 构造

－690 m 水平进风石门根据图纸显示目前没有断层。

(3) 工程地质

－690 m 水平进风石门过断层段巷道以中粒砂岩、泥岩为主(图 9-1),岩石坚固性系数 $f=4\sim6$。施工过程中,做好探水、探构造工作,必须在探明断层水文地质情况之后方可掘进施工。

预测岩性描述	层厚/m	累计厚度/m	预测柱状
泥岩，灰色，厚层状，含植物化石碎片	10.38	799.30	
粉砂岩，灰色，厚层状，含植物化石	2.30	801.60	
中粒砂岩，灰色，中厚层状	2.25	803.85	
四6煤，黑色、块状、粒状，半亮型	1.30	805.15	
泥岩，灰-深灰色，厚层状，含植物化石碎片	5.14	810.29	
细粒砂岩，灰色，薄层状，石英为主	2.39	812.68	
泥岩，灰色，厚层状，含植物化石碎片	5.05	817.73	
煤，黑色，块状，质劣	0.30	818.03	
泥岩，深灰色，块状，含植物化石碎片	1.00	819.03	
中粒砂岩，灰色，薄层状，以石英、长石为主，硅质胶结，裂隙发育	14.66	833.69	
泥岩，灰色，厚层状，含少量植物化石碎片	10.00	843.69	
中粒砂岩，裂隙发育，交错层理	4.57	848.26	
粉砂岩，灰色，厚层状，以石英为主，硅质胶结	2.89	851.15	
泥岩，灰色，厚层状，含植物化石碎片	7.99	859.14	
中粒砂岩，灰色，中厚层状，石英为主，硅质胶结，交错层理	3.86	863.00	
砂质泥岩，灰色，薄层状	4.25	867.25	
细粒砂岩，灰色，薄层状，石英为主，硅质胶结，交错层理，裂隙发育	3.44	870.69	
泥岩，灰色，中厚层状，含少量植物化石	3.41	874.10	
中粒砂岩，灰白色，中厚层状，石英为主，硅质胶结	1.00	875.10	
砂质泥岩，灰色，中厚层状，含少量植物化石	4.52	879.62	
泥岩，深灰色，厚层状，含少量植物化石，含暗斑，顶部夹煤线	16.23	895.85	
细粒砂岩，灰色，中厚层状，以石英为主，硅质胶结，交错层理	7.61	903.46	
泥岩，灰绿色，薄层状，含暗斑、紫斑，具滑面	9.32	912.78	
砂质泥岩，灰绿色，薄层状，夹细粒砂岩薄层	7.62	920.40	

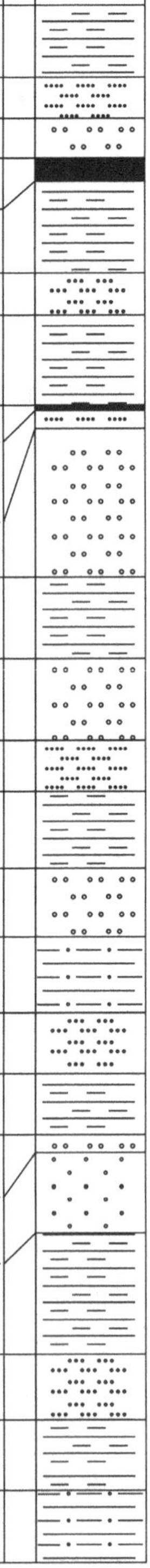

图 9-1　梁北二井－690 m 水平进风石门综合地质柱状图

9.2.2　支护方式

巷道支护采用:锚网喷＋锚索＋深浅孔壁后注浆,若顶板来压采用:锚网喷＋锚索＋深孔壁后注浆＋36U 金属支架支护。锚杆采用 ϕ22×2 600 mm 高强树脂锚杆,间、排距为 800 mm×800 mm,锚固预紧力为 105 kN,药卷 3 卷/根,其中 K2335 型 1 卷/根、Z2335 型 2 卷/根。锚索采用普通锚索和注浆锚索按"三四三"布置,普通锚索每排 3 根,间、排距为 2 400 mm×2 400 mm,注浆锚索每排 4 根,间、排距为 2 400 mm×2 400 mm。锚索采用 ϕ21.8 mm×8 300 mm 的钢绞线,药卷 5 卷/根,其中 K2335 型 2 卷/根、Z2335 型 3 卷/根,张拉力不小于 290 kN,喷射混凝土强度等级为 C20,厚度为 150 mm,金属网为 ϕ6 mm 钢筋网,网格边长为 80 mm×80 mm,搭接长度不小于 100 mm。

9.3　梁北二井注浆施工难点

9.3.1　导水断层的形成

导水断层一般为张拉断层。地层因板块运动受张力作用断裂,形成张性断裂带。储存于地下含水层中的地下水在不受扰动前处于静态平衡状态,地层断裂后,地表水及打破平衡的地下水携带泥沙及杂物涌入断裂带内,直至达到新的压力平衡状态。泥沙及杂物在水力平衡后在裂隙中沉淀,在裂隙底层沉积成泥胶状物质。泥胶状物质的成岩状况随时间的延长而逐渐稳固。中国平煤神马控股集团有限公司梁北二井煤业公司梁北二井井底车场穿过的 F702 断层就属于典型的张拉型导水断层。

9.3.2　张拉断层破碎带的特征

(1) DF702 断层破碎带宽 6.2 m,位于−680 m 水平井底车场北环线,巷道走向之间与断层破碎带走向之间夹角为 14°,该巷钻探期间有夹钻现象,无水。但是在同水平探测其他含水层位时,最大水压力达到 6.8 MPa。断层底部淤积物因其致密性具有一定的隔水特性,即在不受外力扰动的情况下,淤积层具有阻隔上部水向下渗透的作用。

(2) 淤积层的蠕变特性。淤积层的成岩状况与其沉积年代成正比,沉积年代越久,成岩性能越好。在没有完全成岩的状态下,当巷道揭露该层位后,在上部水压和其自重作用下,巷道围岩快速收缩变形,最终在蠕变体内形成裂隙导通上部水源形成溃水,造成巷道垮塌以及淹井事故。

9.4　梁北二井综合注浆施工工艺

(1) 井巷设计方位应尽可能与断层破碎带走向呈正交穿过,减少穿越破碎带的长度。

(2) 井巷设计初始支护形式应尽可能抵抗井巷围岩的变形,特别是围岩柔性蠕变。密集金属支架支护后背密集背板是常用选择,金属支架必须随掘随架。

(3) 井巷永久支护应使穿过段及其前后 5 m 范围内的整体强度足以抵抗相对地压及水头压力,同时要确保支护的防渗及防变形。

（4）井巷穿越破碎区域前，必须进行超前管棚注浆加固治理。管棚长度尽可能一次穿过破碎带。注浆加固材料必须选用高强材料。加固范围根据上部水压和注浆材料凝固强度确定。梁北二井选用 HNT-T 型系列快固化高强微膨胀注浆材料，具有抗高温、流动性强、微膨胀、强度高的特点，注浆加固范围为巷道周边 6～8 m，在梁北二井应用效果较好。

（5）注浆位置须选择在稳定岩层层位，注浆终孔压力要达到水压的 2 倍以上，充分利用注浆的压裂和挤压效果。

（6）初期支护紧跟迎头，背板要坚固密实，防止围岩受压蠕变而造成透水。在围岩变形前及时进行永久支护并进行壁后注浆加固，提高 6～8 m 范围内软弱围岩自身的承载力。

9.4.1 相关参数的选择

（1）水泥浆液的配制：水泥浆液的水灰比为 1:0.8～1:1（质量比）。

（2）水玻璃浆液的配制：浆液与水玻璃浆液配合比为（1:0.3）～1（体积比），开始注浆时，使用 10～15°Bé 的水玻璃浆液，正常注浆时，使用 20～25°Bé 的水玻璃浆液，终孔注浆时使用 36～40°Bé 的水玻璃浆液或原液封孔，注浆配合比根据现场实际地质条件进行适当调整。

（3）HNT-T1 型快固化高强微膨胀注浆料配制：材料浆液的水料比为 1:0.8～1:1（质量比）。

（4）注浆压力：注浆压力是浆液扩散、充塞、压实的能力。浆液在岩层裂隙中扩散、充塞的过程，就是克服流动阻力的过程。注浆压力大，浆液扩散远，耗浆量大，会造成浪费。注浆压力小，浆液扩散近，耗浆量小，有不交圈、封堵不严的可能，因此正确选择注浆压力及合理运用注浆压力，是注浆过程中的关键问题。

（5）扩散半径：浆液的扩散半径在压力不变的情况下，是随着岩石的裂隙和井壁与岩面之间的空隙不同而不同，因岩层裂隙和井壁与岩石间空隙的不均匀性，浆液的扩散半径有较大差异，因此，合理确定浆液的扩散半径，对节约材料、缩短工期、保证质量有重大意义。本次注浆浆液扩散半径按 2～4 m 控制。

（6）总注入量

注浆段总注入量的计算公式为：

$$Q = NA\pi R^2 H \eta \beta / m \tag{9-1}$$

式中　Q——每个注浆段的浆液注入量，m^3；

　　　N——注浆孔数，个；

　　　A——浆液消耗系数，一般取 1.2～1.5；

　　　H——注浆段高，m；

　　　R——浆液的有效扩散半径，一般取 2～4 m；

　　　η——岩石的裂隙率，根据岩芯实际调查情况选取，砂岩、砂质泥岩地层取 1%～3%；

　　　β——浆液的充填系数，一般取 0.8～0.9；

　　　m——浆液结石率，取 0.85。

注浆水泥用量：92.9 t；水玻璃用量：39.8 t。

HNT-T1 型快固化高强微膨胀注浆料用量（占水泥质量的 45%）为 22.8 t；预计水泥消耗 50.6 t。

一般情况下,要达到注浆终压、终量、稳定时间和实际注入量接近设计注入量,注浆才可以结束。

9.4.2　施工设备及机具

注浆设备:选用 2TGZ-130/130 型双液调速高压注浆泵(图 6-1)和与该泵配套的 GS-700 型立式高速拌浆机(图 9-2),或者选用 2ZBQ-50/19 型风动注浆泵(图 9-3)、2ZBQ-40/11 型风动注浆泵和 TL-200 型风动拌浆机。

图 9-2　2ZBQ-50/19 机动装置

图 9-3　2ZBQ-50/19 型风动注浆泵

打钻设备:ZDY3500SWL 型煤矿用履带式全液压坑道钻机,配 ϕ94 mm 钻头,开口使用 ϕ135 mm 钻头。

工作面准备 4 个 0.5 m³ 的料桶,分别装水玻璃原液、稀释过的水玻璃、水泥浆及清水。

为提高浆液的结石率,使用新鲜袋装 P·O 42.5 级普通硅酸盐水泥。

为减少浆液损失,加强堵水效果,使用特级液体水玻璃(浓度为 38～40°Bé,模数为 2.8～3.2)。

为确保注浆效果,在注浆过程中增加 HNT-T1 型快固化高强微膨胀注浆材料。

加固孔口管使用耐固 1 号。

其他:选用 ϕ25 mm×6 MPa 一片式高压不锈钢球阀与孔口管注浆孔连接。

9.4.3　施工关键技术

(1) 造孔:先在工作面按设计进行造孔,造孔结束后及时安装注浆管。

(2) 球阀及注浆管路安设:先安装球阀,再连接高压进浆管、高压注浆管及注浆泵出浆阀等。

(3) 压水试验:将管路连接好之后开泵注压清水,测定管路性能和有效冲洗裂隙(空隙),便于浆液流动。

(4) 注浆:先注稀浆,后注浓浆,增大单孔吸浆量。封堵注浆采用双液浆,当达到堵水效果后换孔注浆。

(5) 注浆时要根据压力表的表压适当调整注浆流量:注浆结束后当注浆压力达到设计

压力并稳定 15 min 后,方可停止注浆。如此反复,直至达到设计要求。

(6) 在注浆过程中,如果在施工缝或出水点处漏浆,应采取间歇性注浆或者调整水泥浆与水玻璃浆液的配合比,以控制凝结时间,也可以根据现场情况采用麻或棉纱配合木楔堵缝。

(7) 注浆过程要对注浆压力、注入量、浆液浓度及配合比做好详细记录,以指导注浆工作和检查注浆效果,每次注浆结束后或中间停机超过 5 min,必须进行注浆设备清水循环 15 min,并向管路内压入清水冲洗管路直至返回清水。

9.5 工程效益评价

该项目的实施,实现了在大断层、强含水砂岩地质条件下注浆后确保安全施工,化解了由于断层导致巷道揭露位置全断面出水而直接过断层面临大涌水的风险,为以后巷道过断层提供了宝贵的经验。

9.5.1 经济效益、成本对比分析

通过利用物探+钻探+工作面预注浆等多种措施相结合的方式应对梁北二井-690 m 进风石门遇高承压、强含水断层带的工程实际,可以有效消除水害事故对岩巷掘进的影响。可实现消除重大安全隐患、降低抽水压力、加快掘进速度,等等。可实现降低后续矿井维护费用,避免透水、冒顶等安全事故等间接经济损失。

梁北二井-690 m 进风石门注浆前巷道单独头面综合涌水量达到 65 m³/h,注浆结束后降至 5 m³/h 以下。如果采用普通支护,需要进行专门的排水系统,排水预计需要电泵 4 台,每年节约排水成本 300 万元。通过注浆支护,最终保证了巷道的顺利掘进完成,整体综合涌水量小于 5 m³/h,正常使用水沟排水,不影响巷道的正常使用,节约费用约 300 万元。

9.5.2 市场占有率及前景预测

本项目采用理论分析与现场试验相结合的方法,探讨了在复杂地质条件下高承压水过断层岩巷掘进施工防治水综合技术,充分使理论分析与工程实践紧密结合,使本项课题形成一个有机统一的整体,而且有广义的社会效益,具有广阔的发展前景。

9.5.3 社会效益、环境效益分析

利用物探+钻探+工作面预注浆等多种措施相结合的方式应对梁北二井-690 m 进风石门遇高承压、强含水断层带的工程实际,可以有效消除水害事故对岩巷掘进的影响。施工材料无毒无害不挥发,技术可行,可以为相似地质条件下的岩巷掘进工作提供经验和理论,有着较好的社会经济效益和推广价值。

该项目的实施,缩短了治水工期,加快了工程进度,确保安全生产,同时解决了面对在大断面、强含水砂岩段的注浆施工难题,必将为集团公司带来巨大的经济效应。通过此项技术的应用,保障了职工生命健康安全,为企业奠定了安全发展的基础,实现了矿井安全高效生产,具有重要的现实意义和巨大的推广应用前景。

9.6　主要创新技术

该项目针对巷道在断层中过富含水、强水压岩层的技术难题,根据现场的实际地质情况,针对不同的涌水情况,以普通注浆法为参考,通过工作面探水孔＋工作面预注浆及壁后注浆的综合注浆法,先对底板的断层涌水进行注浆封堵,再对工作面进行探水及工作面预注浆,在断层揭露前进行注浆封堵,通过综合注浆法实现了注浆堵水的目的,注浆前巷道单独头面综合涌水量达到 65 m³/h,注浆结束后降至 5 m³/h 以下,提高了巷道的服务年限,减少了排水费用。主要创新点具体如下:

(1) 利用综合注浆法在加固巷道的基础上封堵了含水层内的涌水,对断层中出现的破碎围岩进行充填加固。

在面对巷道穿过多个断层同时导通含水层的特殊地质条件时,在原有工作面注浆的基础上,以工作面预注浆为主,以超前探孔为辅,进行局部和超前注浆,最终保证对断层内的涌水进行提前封堵,同时提高壁后注浆支护形成的承载结构稳定性和岩体的强度,达到注浆堵水及长久支护的目的。

(2) 探水钻孔＋工作面预注浆,在有效保证注浆效果的前提下利用探水孔反复注浆投孔,达到"一孔多用"的目的,加快了施工进度。

由于巷道面对复杂地质条件下需要保证物探结果,探孔的使用途径进行了延伸,在保证巷道钻孔达到设计要求后,根据钻孔内的涌水情况,利用钻孔与工作面注浆孔相结合的方式,对工作面进行注浆封堵,不仅加快了钻孔施工,还提高了注浆效率,在保证注浆效果的前提下节约了大量的注浆时间,为巷道的顺利掘进提供了保障。

(3) 将综合注浆法和新型材料相结合,在普通注浆法的基础上提高了注浆效果。

施工过程中发现水泥＋水玻璃双液浆在细小裂隙下无法有效形成注浆帷幕,最终通过现场试验确定了以双液浆为主,HNT-T1 型快固化高强微膨胀注浆材料为辅,进行综合注浆治理,既提高了浆液的注浆强度,也改善了流动性。

HNT-T1 型快固化高强微膨胀注浆材料是由以聚合物为核心功能组分并复合多种成分混合研磨制成的复合注浆材料,适用于微细裂隙的防水或加固。本品为单组分注浆材料,现场直接加水稀释搅拌使用。根据固化速度,产品分为 A 型和 B 型。

(4) 工作面全断面注浆＋超前深孔注浆,增加了浆液在断层内的扩散深度。

注浆过程中充分利用后方的钻场对前方未施工巷道进行超前预注浆,与工作面的全断面注浆相辅相成,在保证局部注浆效果的同时减小了深部断层对工作面的影响,增加了浆液在断层内的注浆扩散深度。

10 立井井筒综合防治水施工工法

10.1 前言

立井井筒施工中经常遇到强含水层、流沙层、采空区等赋水性强的复杂地质条件,由于涌水量大,严重影响了井筒的施工安全、施工进度和工程质量。尤其是平顶山砂岩埋藏浅、大气降水补给强、含水量大、纵向细微裂隙发育、横向裂隙不发育且间隙小,给治水带来很大困难。为了实现井筒的快速施工,采取了针对性的防治水措施,总结出"探、堵、引、挡、排、截、封"的综合防治水技术,解决了影响施工安全、施工进度及工程质量的水害问题。

该技术成功应用于平煤集团四矿三水平进风井,平煤集团十三矿三水平进风井,首山一矿主、副井等工程中,在穿过平顶山砂岩含水层、采空区、流沙层等特殊地质条件的施工中,应用效果良好,形成了一套成熟的立井防治水施工工艺。

立井井筒综合防治水施工工法的关键技术于 2008 年 7 月通过中国煤炭建设协会鉴定,结论为"该技术在立井井筒综合防治水方面具有先进水平"。曾获得平煤集团科技进步一等奖。

10.2 立井井筒综合防治水施工工法的特点

(1)工艺创新

施工中改变传统的布孔和注浆方式,采用径向、切向螺旋布孔和水泥-水玻璃双液注浆法。

(2)治水效果良好

采用"探、堵、引、挡、排、截、封"井筒综合防治水施工工艺,治水效果明显改善,实现了井筒安全快速施工。

(3)改善作业环境

使用立井井筒防治水施工工法进行井筒防治水,工作量小,无噪声污染。

10.3 适用范围

立井井筒综合防治水施工工法适用于立井井筒施工揭过含水层、采空区及粗流沙层。

10.4　工艺原理

工艺原理:针对岩层纵向裂隙极其发育、连通性差、可注性差的特点,采用科学的布孔方式,使用特殊注浆材料,采用高压注浆和裸体岩帽代替止浆垫的方法,封堵涌水裂隙达到治水目的。

10.5　施工工艺流程及操作要点

10.5.1　工艺流程

立井井筒综合防治水施工工法主要以注浆堵水为主。注浆堵水施工工艺:钻机安装——注浆孔施工——注浆管安装——压水试验——注浆——扫孔检查——压水试验——注浆——扫孔检查——单孔注浆结束——总体效果检验——注浆结束。

10.5.2　操作要点

(1)钻机安装

注浆钻孔常用轻便式潜孔钻机,如 DQ-50 型潜孔钻机。先将潜孔钻机下到工作面。撑开支腿把钻机支设牢固,确定钻孔方位后配合伸缩拉丝及钢丝绳进行紧固和固定以形成稳定的结架,确保施工安全。

(2)注浆孔施工

使用型潜孔钻机配合 $\phi 90$ mm 钻头及 $\phi 50$ mm×1 000 mm 钻杆造孔。钻孔时,先慢速钻进约 200 mm,重新校对钻孔的方位及倾角,无误后全速钻至结构设计深度。钻孔施工顺序以井筒中心为对称中心,对称均匀地由外圈到内圈依次施工,最后施工中心钻孔与检查钻孔,直至所有钻孔施工完毕。

(3)注浆管安装

注浆钻孔造孔结束后要用清水洗孔,再安装尺寸为 80 mm×3 m 的伸缩型专用封孔器至孔内。用扳手将伸缩型专用封孔器大螺母上紧,使内、外套管止浆塞收紧,让胶垫充分膨胀,使注浆井与钻孔壁啮合严密,孔口再用。

(4)压水试验

按双液注浆管路要求,将管路连接好后开泵注清水,测定受注区域的受注能力,检查止浆垫及井壁是否有漏水现象。如有漏水,应立即处理。

(5)注浆

根据压力试验情况进行注浆配比,根据注浆情况随时调整流量和浆液浓度,注意注浆压力随注浆量变化,达到设计注浆压力和堵水的目的时即可停止注浆。正常注浆以水泥单液浆加外加剂为主,封孔时用双液浆封堵。

(6)扫孔检查

单孔注浆结束后进行扫孔,检查孔内涌水量,以便确定是否需要复注。

(7)注浆效果评价

全部钻孔注浆结束后,井筒向下掘进前必须对预注浆进行总体效果检验。在注浆范围内打 4～6 个检查钻孔(钻孔穿过注浆段 500 mm),检查工作面注浆清水封堵效果。若涌水量达到设计要求,则停止注浆,开始掘进。

(8) 其他综合治理措施

① 探。施工过程中,根据井筒水文地质资料,分析含水层、采空区、流沙层等赋水状况,按照预测预报、有疑必探、先探后掘的防治水原则,探明其赋存状况,制定有效措施。超前探孔必须严格按照设计位置、方位、倾角、孔深施工,最大误差不得超过 1°。

② 堵。依据钻孔探水情况,预计工作面涌水量大于 10 m³/h 或采空区积水量大,水源补给充足,很难"疏"或"排"时,预留裸体岩帽进行工作面预注浆堵水,在井筒周围形成一道帷幕或堵住老巷出水通道,从而达到堵水的目的。注浆钻孔与岩石裂隙成 30°～45° 夹角布置,使注浆钻孔尽量贯穿岩石裂隙。当岩层细微裂隙发育采用水泥浆-玻璃水双液注浆材料不能满足注浆要求时,根据实际选用注浆材料,可用超细水泥或化学浆液进行注浆。浆液配合比及注浆压力根据吸浆量和水压合理调整,以达到最佳注浆效果(图 10-1)。

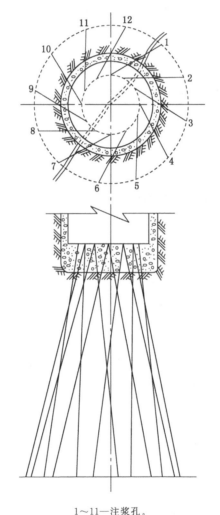

1～11—注浆孔。

图 10-1 工作面预注浆布孔

③ 截。井筒涌水量较小时,为了保证井壁施工质量,在淋水的下部井壁接茬处留250 mm 间隙,安设内"L"形截水槽,把水直接截入井壁内预埋暗水箱中或用软管导入其下方腰泵房水仓中。

④ 排。井筒施工中,根据用水情况合理安设排水设施以及时排水。

⑤ 封。对井壁局部淋水或集中出水点采用井壁注浆,达到彻底封堵井筒涌(淋)水。井壁注浆示意图如图 10-2 所示。

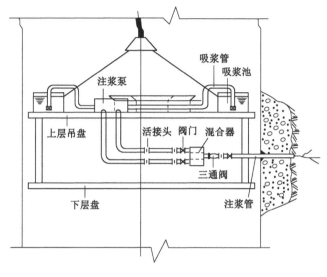

图 10-2　井壁注浆示意图

⑥ 引。对井壁、岩帮集中出水点埋设胶管,将水引入截水槽。对井筒岩帮散水浇筑混凝土前用风筒布进行挡水,将水从壁后引出,对于井筒内沿井壁淋水,浇筑混凝土前用风筒布进行遮挡,防止涌水冲刷混凝土,为井筒壁后注浆创造较好的条件。若临近布置已完工井筒,且排水能力较强,可用潜孔钻机打眼,将井筒淋涌水暂引入临近井筒,以缓解井筒排水压力。

⑦ 挡。已筑井壁上出水点有承压水流喷射时,在溅水部位覆盖风筒布,使水沿井壁流入下部截水槽。

10.6　材料与设备

立井井筒综合防治水施工工法所使用的主要材料为水泥、水玻璃、化学浆液。治水施工专用设备见表 10-1。

表 10-1　治水施工专用设备、材料明细表

序号	名称	型号	单位	数量	备注
1	探水钻机	DQ-50 型潜孔钻机	台	2	
2	注浆泵	2TGZ-60/210 型	台	1	
3	搅拌机	TL-500 型	台	1	

表10-1(续)

序号	名称	型号	单位	数量	备注
4	造孔钻机	YT-28型风动凿岩机	台	3～4	
5	封孔器	伸缩型注浆封孔器	套	根据钻孔数量确定	

10.7 质量控制

(1)探水钻孔严格按设计方位布设,钻孔深度达到探水要求。

(2)探水期间,工作面备好收水管,一旦钻孔涌水量增大,可根据现场情况及时收水,防止淹井。

(3)工作面预注浆及壁后注浆时,注浆压力、终孔压力、注浆量以及压水检验必须达到设计要求,且注浆后水量不超过规定。

(4)截水槽的安装位置必须在井壁淋水部位以下5～10 m位置处,必须安设牢固,截水槽上口与其以上井壁之间留设30～50 mm间隙,保证淋水全部流入截水槽内。

(5)井壁浇筑混凝土期间采用胶布或风筒布截水,必须保证井壁淋水不进入滑模浇注口内,以免影响混凝土浇筑质量。

本工法符合国家质量验收及本地强制性条文的有关规定。

10.8 安全技术措施

(1)注浆设备入井前,必须对防爆性能进行检查,杜绝失爆。注浆期间,不得进行与注浆无关的其他作业。

(2)注浆人员必须佩戴防护眼镜,乳胶手套等劳保用品。

(3)注浆过程中如需要处理注浆泵及注浆管路时,必须先停泵,打开泄压阀,确定泄压后进行处理。

(4)注浆工作中,司泵工要注意观察压力表的升压情况,孔口注浆监护人员要注意井壁周边情况,一旦出现裂纹、跑、漏、冒浆,及时通知司泵工进行处理。

(5)在注浆过程中,注浆人员要避开注浆孔正面,开关泄压阀时,要在侧面操作,防止喷浆伤人。

(6)在注浆过程中发现有异常情况时,如出现响声、井壁破裂、掉块、压力极不稳定,要立即停泵进行处理。

(7)注浆人员在吊盘上作业时一定要佩戴安全带。

(8)各班要做好原始记录,坚持井下交接班,把本班存在的问题向下班交代清楚,下班后要及时向注浆技术负责人或项目部值班领导汇报当班注浆情况。

(9)每小班注浆完毕或交接班时,要及时清理吊盘上的残浆,注浆工作结束后要立即用清水刷泵,清洗好其他注浆工具,保持设备完好。

本工法符合国家安全规程及本地强制性条文的有关规定。

10.9 环保措施

本工法涉及的主要环境因素为:水泥、水玻璃及其废弃物污染,噪声污染,废水污染。

10.9.1 固、液废物及原料的存放

(1)严格执行施工固体废弃物管理程序,对固废物分类存放,减少对环境污染,充分利用资料。

(2)在施工现场摆放若干个铁皮桶或砌几个水泥池,供固体废弃物残胶料、石棉绳、机械包装材料及边角料等分类存放。

(3)在施工过程中应加强对固废物的综合利用,产生的矸石定点存放,废玻璃器皿、废塑料制品单独存放。

(4)在施工地点和项目部院内分别设置废旧金属堆场,并进行有效管理。

10.9.2 施工现场的噪声控制

(1)局部扇风机、风动工具安装消音罩,压风机增加消音设备,减少噪声污染。

(2)加强设备保养,杜绝故障噪声。

(3)进入噪声区时工作人员配备防护耳罩(耳塞)。

10.9.3 污水排放

(1)集中工具、工作服清洗地点,使用无磷洗衣粉和清洁剂。

(2)施工过程中减少污水排放,有污水排放时,在施工现场挖临时污水沉淀池,沉淀达标后方可排放。

(3)严格控制水玻璃等液体污染物直接排放。

本工法符合国家环保节能规范及本地强制性条文的规定。

10.10 经济效益分析

(1)在十矿三水平进风井井筒及四矿三水平风井井筒施工中,实现了浅水浅排,降低了电费消耗,并为施工现场提供工业及生活用水。每年按 12 个月计算,每小时排水量均按 10 m³ 计算,采用潜水泵的排水费用为 0.88 元/t,采用腰泵房卧泵排水费用为 1.67 元/吨,每月工业及生活用水费用均为 3 000 元,共节约电费及现场用水费用 20.85 万元。

(2)2003 年 9 月至 2006 年 9 月期间,据统计,同等条件下井筒施工速度由原来的 45 m/月提高到 65 m/月,并多次实现超百米或连续超百米纪录,年增井筒进尺 240 m,年新增产值 840 万元,年增加纯经济效益 252 万元。

(3)2006 年 3 月在首山一矿副井井筒壁后注浆中,井筒淋涌水由 97 m³/h 降低到 5.39 m³/h,年减少排水费用 134.56 万元。

(4)在郑煤白坪矿副井井筒施工中采用工作面及壁后注浆堵水,井筒淋涌水由 52 m³/h 降低到 4.3 m³/h,在井筒施工及二期工程施工中年减少排水费用 65.9 万元。

（5）自 2003 年 9 月以来,在平煤集团十矿、平宝公司首山一矿、郑煤裴沟矿、郑煤白坪矿、山西望云矿等井筒施工中进行了多次注浆施工,创造产值 1 640 万元,新增利润 50.1 万元,新增税收 123.2 万元。

10.11 应用案例

（1）案例一

2003 年 3 月 11 日,平保公司首山一矿副井井筒施工至井深 190 m 位置处,距预计平顶山砂岩顶板 20 m。根据以往揭露该岩层的经验,在揭露平顶山砂岩 15～20 m 段,水量将超过 50 m³/h。因此,必须先确定该岩层的确切位置,以便确定治水方案。采用超前 20 m 预测钻探的方法,沿井筒周边布置 3 个竖直钻孔,每个钻孔进入平顶山砂岩 1 m,探清了该岩层的位置、倾向和倾角,然后井筒施工至平顶山砂岩 5 m 时停止掘进,对平顶山砂岩进行第一段超前注浆,注浆段距确定为 25 m。施工注浆孔期间,备好收水管,当单孔涌水量大于 5 m³/h 时,立即收水注浆。本段注浆共施工钻孔 16 个,最小单孔涌水量为 3 m³/h,最大单孔涌水量为 22 m³/h,注浆用时 6 d,注浆水泥 92.8 t。该段施工至进入平顶山砂岩 15 m 时井筒单孔涌水量低于 2 m³/h,效果较好。在以后的逐段注浆施工中,坚持注 25 m 掘 20 m,遇水就注的防治水方法,保证了井筒穿过平顶山砂岩段后井筒总涌水量不超过 10 m³/h。然后在平顶山砂岩以下一段位置安装截水槽,把井壁淋水截入截水槽内,使用潜水泵排到地面作为生活用水和工业用水。井筒施工中少量的井壁淋水采用滑模上沿风筒布置格挡的方法,阻止淋水进入滑模,保证了混凝土的浇筑质量。

（2）案例二

在平煤集团天安四矿三水平进风井施工中,井筒开口即为石千峰砂岩含水层,根据矿方提供的水文地质资料,该层砂岩和平顶山砂岩为该地区的主要含水层,最大单孔涌水量为 160 m³/h。坚持采用"有异必探,先探后掘,超前钻探,裸岩注浆"的"探、堵、引、挡、排、截、封"综合防治水技术,实现了安全、快速施工,缩短了工期,取得了良好的经济效益和社会效益。

（3）案例三

平煤集团四矿三水平进风井丁$_{5-6}$煤层采空区位于井深 831.6 m 位置处,在揭过丁$_{5-6}$老空区时,根据探测结果,老空区内储存水量约 8 万 m³,采用"定点注浆封堵、井壁加固补强"的方法,安全快速地穿过了丁$_{5-6}$老空区。

11 复杂地质条件下深井井筒施工过含水层关键技术

11.1 工程概况

平顶山天安煤业股份有限公司四矿、十矿等矿井开采深度逐步向深部过渡,同时建设了多个千米深立井,井筒直径一般为 6 m 或 6.5 m。随着煤矿开采深度的增加,新水平或新采区相应的风井井深有增无减,井筒直径逐步增大,由 6 m、6.5 m 增大到 8 m、8.5 m。集团公司规划的首山一矿新回风井井筒、十矿北二进风井井筒及十三矿新进风井井筒,井筒设计深度分别为 709 m、1 119.572 m、904.5 m,井筒净直径分别为 8 m、8 m、8.5 m。这些井筒的共同特点是直径较大,都属于千米左右的深立井。

为实现上述大直径深立井施工的工期目标和质量目标,实现质量和效益等目标,增强企业施工能力,提高企业知名度,高度重视井筒施工项目,严格按照前期研究成果全面部署和实施,并期望通过这些大直径深立井井筒施工任务的实施,使立井综合施工水平再上新台阶,在大直径深立井施工工艺、施工设备能力和配套水平、施工劳动组织等方面有所改进,在立井穿富含水层综合防治水技术和立井揭过突出煤层综合防突技术等关键技术上有所创新和突破。

11.2 井筒掘砌施工

11.2.1 井筒掘砌实施方案

施工设备配置的原则必须体现大直径深立井井筒机械化配套施工工艺和快速施工的要求。本着安全、快速、优质、高效的原则,决定采用中深孔光面爆破。采用六臂伞形钻架配 4.5 m 中空六角钢打眼,采用 0.6 m³ 中心回转抓岩机、一台 YC35-7 型小型挖掘机配合 3 m³ 或 4 m³ 吊桶提升出砟,1.6 m³ 或 2.4 m³ 底卸式吊桶下混凝土,段高 4.2 m 整体下移式金属模板浇筑混凝土井壁,两套单钩提升,8 t 自卸汽车排矸。劳动组织采用 5 个专业班"滚班"制作业。

十矿北二进风井直径和井深均较大,对凿井设备能力要求大,较为典型,下面以该井筒为例说明井筒掘砌施工情况。

11.2.2 十矿北二进风井掘砌施工

11.2.2.1 凿井设备选择

凿井设备的配备遵循大型化、多套化和配套化原则,设备综合能力强。根据前期研究成

果,凿井设备具体选用情况如下:

(1)选用 V 形凿井井架,井架跨度大,二层台和天轮平台参数满足其他设备布置和使用要求;两套单钩提升,主提升为 JKZ-3.2×3 绞车配 4.0 m³ 或 3.0 m³ 吊桶,副提升采用 2JKZ-3.6/13.23 型双滚筒提升机配 4.0 m³ 或 3.0 m³ 吊桶,井架二层台设置座钩式自动翻矸架。

(2)稳车集中控制系统。将多台稳车同时集中控制,以继电器、按钮、万能转换开关等电器元件构成电控系统的稳车集中控制,操作安全方便,减少操作人员、提高施工速度、保障施工安全等。

(3)提升机电控系统。提升种类:提物(9.96 m/s)、提人(6 m/s)、下长材(1.5 m/s)、检修(0.3 m/s)。提升工作方式:手动、半自动。在各种提升种类和工作方式下,保证系统运作速度图最佳为 S 形曲线。系统实行全数字行程闭环控制,确保停车精度为 ±1 cm。系统运行状况和故障监视多重化(PLC、全数字直流调速系统、继电器回路监控),故障分级处理。直流传动系统采用全数字行程、速度、电流的自适应控制。静态精度小于或等于 0.1%,动态跟踪误差小于 5%,调速范围为 1~100 m/s,速度指示精度为 0.1 m/s。根据罐笼的位置,实现紧急情况下的一级制动或二级制动。

(4)选用国产 XFJD6.9 型六臂伞形钻架,配备 6 台 YGZ-70 型凿岩机打前进眼,用主要提升设备将伞钻下放到工作面。

(5)选用一台 MWD 型防爆挖掘机配合 HZ-6 型中心回转抓岩机装岩;井架二层台设置座钩式自动翻矸架,8 t 汽车排矸。

(6)砌壁选用高度为 4.2 m 整体下移式金属滑模,有效成井段高为 4.1 m,底卸式吊桶送至工作面浇筑井壁。

(7)布置两台 80DGL-75×7 型吊泵;在井深 400 m 和 800 m 左右位置各设 1 个腰泵房,泵房内安装两台 D46-50×12 型卧泵接力排水。

凿井设备布置示意图如图 11-1 所示。

11.2.2.2 施工准备工作

为最大程度地实现井筒表土段施工与凿井措施设施平行作业,便于提前实现井筒破土,为井筒基岩段快速施工提供条件,在平整场地的同时,先施工副提绞车、井架、滑模稳车基础等设施,组立井架,安装天轮平台、滑模稳车及组装滑模等。

11.2.2.3 井筒掘砌施工

(1)表土段施工

表土段、风化基岩段采用挖掘机配合炮锤开挖,开挖方式为台阶式环挖,配 4 m³ 吊桶装矸,开挖过程中及时进行锚网临时支护,防止井帮片落伤人。遇到坚硬岩石使用风镐掘进困难时,采用松动爆破或全断面爆破的方法推进,砌壁选用整体移动模板。具体如下:

井筒前 5 m 采用一台 MWD 型防爆挖掘机配合风镐开挖,随掘随锚网临时支护井帮。掘进至井口标高下 5 m 位置时,将地面组装的模板(不装刃角时高 4.2 m,中部设浇口,以满足不同段高的需要)用稳车将模板吊至工作面找平找正后,自下而上浇筑混凝土。表土段岩石较硬时,采取爆破开挖,选用 YT-28 型风钻打眼,使用 2 号岩石乳化炸药、毫秒延期电雷管起爆,封孔采用砂、石子混合物,掘一段,浇筑一段混凝土。

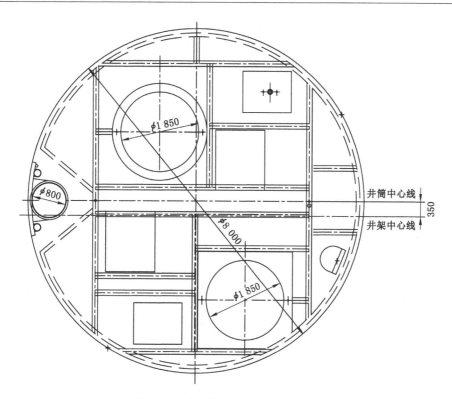

图 11-1　凿井设备布置平面示意图

支护:风化基岩段施工设锚网(喷)临时支护措施,临时支护采用 ϕ20 mm×2 400 mm 树脂锚杆,间排距为 0.8 m×0.8 m,网格为 80 mm×80 mm 的 ϕ6 mm 钢筋网,搭接 100 mm。掘进一段,浇筑一段井壁。

(2)井筒一次改装

为尽快形成并完善井筒的提升系统,当井筒施工 40 m 左右时即开始进行第一次临时改装,井架,天轮台,二层台,封口盘,主、副提升绞车,井架溜矸槽,中心回转抓岩机,双层吊盘,伞钻,滑模等设备按设计全部安装到位,具备井筒快速施工的条件。

(3)基岩段施工

采取钻爆法施工,打眼采用国产六臂伞形钻架配长度为 4.7 m 的 ϕ25 mm 中空六角钢和 ϕ55 钻头打眼,眼深 4~4.5 m;爆破炸药选用 ϕ45 mm×400 mm×0.73 kg 的 2 号岩石乳化炸药,1~5 段导爆管配合毫秒延期电雷管起爆;两套单钩提升配 4.0 m³、3.0 m³、2.0 m³、1.0 m³ 吊桶,两台 HZ-6 型中心回转抓岩机装岩,双侧溜矸仓,三辆 8 t 自卸汽车排矸。商品混凝土机械化快速浇筑,2.4 m³、1.6 m³ 底卸式吊桶运输混凝土,段高 4.2 m 整体下移式金属模板浇筑混凝土井壁,液压驱动脱模。采用短段掘砌混合作业方式组织施工,一掘一砌或四掘三砌,采取 5 个专业班组"滚班制"施工,即 1 个打眼班、2 个出砟班、1 个打灰班、1 个清底班。主要施工工艺流程为:下钻打眼──→装药爆破──→通风扫盘──→出砟──→绑扎钢筋──→脱模、立模打灰──→出砟清底。

① 准备工作

伞钻下井前必须把各个注油器加满油,并将油塞塞紧,开动马达让凿岩机上下滑动,观察运转是否正常,链条松紧是否合适,液压系统是否灵敏,各风、水、油管路是否畅通,将钻头、钻杆和凿岩机的水路畅通后,各种阀门的手柄打在零位,所有钻臂收拢到最小位置,用棕绳捆钻臂,伞钻顺滑道移到转钩位置,检查提升连接装置,关闭井盖门,转换滑道钩头为提升钩头。

② 下井稳钻打眼

伞钻下井前通知绞车工,井上下信号工相互取得联系,并在吊盘上下层盘各安排三人监护伞钻入井,绞车提起伞钻并稳至不摇摆时,开启井盖门,慢速下放到井底,推伞钻到井筒中心位置,中心立柱落在工作面实底后接通风、水管路,先开水后送风,启动液压马达,支起支撑臂,待钻架垂直后将伞钻支撑臂顶紧井壁,支撑臂避开吊桶及各管线的通过位置,稍松提升钢丝绳但不摘提升钩头,装上钻杆及钻头开始打眼,按掏槽眼、辅助眼、周边眼的顺序,依次将全部眼打出,并随之在打完的炮眼口塞上炮橛,防止井底碎渣进入炮眼。每打一个眼后移钻臂到另一个眼位时,应将顶尖顶紧底板,避免错位给拔钎造成困难。打眼过程中,伞钻司机应时刻注意钎子转速及排粉和凿眼机上下跳动等情况,判断该钻是否工作正常,当钎子转速慢,排粉不畅通时,应停机查明原因,可能是以下原因造成的,需对钻头脱落,炮眼偏斜,阻力过大,钎子被卡住,钎尾断、进入裂隙或淤泥层等原因进行逐一排查。

查明原因后应立即采取措施维修处理,否则不得开钻打眼。

十矿北二进风井井筒基岩段炮眼布置图如图 11-2 所示,爆破原始条件、预期爆破效果和主要经济技术指标见表 11-1、表 11-2 和表 11-3。

③ 收钻升井

全部炮眼打完后,钻臂收拢到最小位置,操作支撑臂伸缩缸,落下支撑臂,拆除风、水管,用棕绳捆绑钻臂,提起伞钻使伞钻回到提升位置并稳定,钻体不摇摆,发出提升信号将伞钻升井,转换钩头将钻体移到检修位置。

④ 装药连线、爆破

用压风将炮孔中的岩粉及水吹出,井筒工作面的电器设备提离工作面,按照爆破图表中规定的各炮孔的装药量进行对号装药,引药在前药卷在后,用炮棍将引药及药卷送入孔底,然后采用粒径为 0.5～1 cm 石子及砂子混合物(1:1)作为炮泥封闭炮孔,每装完一个孔将电雷管脚线绕成盘放在孔口位置,每 10 个毫秒延期电雷管绑扎在一起并扎紧扎牢。工作面要安设木桩,电雷管固定在木桩上,距底板不小于 0.5 m(视工作面涌水量可适当调整)。撤出工作面的全部工具、材料、设备,撤到规定的安全高度,将井筒内的爆破母线与引爆电雷管相连,人员(含井口及二层台人员)撤到地面距井口不少于 20 m,打开井盖门,爆破员启开爆破箱,把短路的爆破母线拧开,连接在二级引爆断开状态闸刀的最终端上发出爆破警号三声,间隔不少于 5 s 后,合上第一级闸刀,再次发出爆破警号后合上第二级闸刀引爆雷管起爆炸药。

⑤ 出砟、排矸

爆破后,通风不少于 30 min,从井口到井底工作面自上而下对井筒内有可能造成积砟的部位进行清扫,尤其是吊盘要清扫干净。人员到达工作面后,先检查爆破情况,有瞎炮时,先行按规定处理,之后搜集未爆的炸药和雷管,收集爆破母线。

使用抓岩机将矸石装入吊桶,经提升绞车将吊桶提升到二层台座钩式自动翻矸仓中,由 8 t 自卸汽车倒入指定填矸区域内。

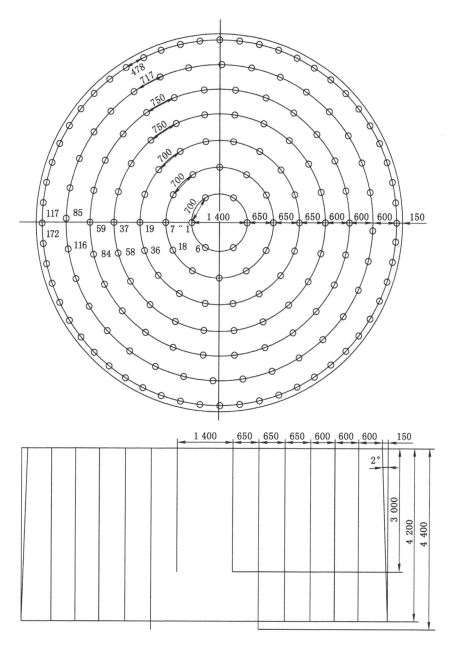

图 11-2 炮眼布置图

表 11-1 爆破原始条件表

名称	单位	数值	名称	单位	数值
掘进断面面积	m²	66.44	炮眼密度	个/m²	2.58
炮眼深度	m	4.2	毫秒雷管	发	172
炮眼个数	个	172	总装药量	kg	462.8
岩石系数		6~10	炸药类型		三级煤矿许用水胶炸药

表 11-2 预计爆破效果表

炮眼名称	炮眼数量 /个	炮眼深度 /mm	装药量 卷/眼数	装药量 总量/kg	起爆顺序	装药结构	连线方式
掏槽眼 1～6	6	3 000	4	15.6	Ⅰ		
掏槽眼 7～18	12	4 400	6	46.8	Ⅰ		
辅助眼 19～36	18	4 200	4	46.8	Ⅰ		
辅助眼 37～58	22	4 200	4	57.2	Ⅱ	连续正向装药	串、并联
辅助眼 59～84	26	4 200	4	67.6	Ⅲ		
辅助眼 85～116	82	4 200	4	83.2	Ⅲ		
周边眼 117～172	56	4 200	4	145.6	Ⅳ		
合计	172			462.8			

注:使用三级煤矿许用水胶炸药药卷,规格为 $\phi40$ mm×400 mm×650 kg。

表 11-3 主要经济技术指标

指标名称	单位	数值	指标名称	单位	数值
炮眼深度	m	4.2	每个循环炮眼消耗量	m	717.6
炮眼利用率	%	95	每立方米岩石炸药消耗量	kg/m	1.75
循环进尺	m	3.99	每立方米岩石雷管消耗量	个/m³	0.64
巷道掘进断面	m²	66.44	每立方米岩石炮眼消耗量	m/m³	2.7
每个循环进尺实体岩石量	m³	265.1	每米成巷炸药消耗量	kg/m	116
每个循环炸药消耗量	kg	462.8	每米成巷雷管消耗量	发/m	43.12

出矸时,抓岩司机要清楚井筒的设备布置,避免抓斗与井筒内的设施及提升容器相撞,并且在抓岩过程中扇形由近及远依次抓岩,向吊桶中装岩时应先抓出罐窝,吊桶座在罐窝内,抓斗距吊桶上沿不宜超过 0.3 m 高度时伸开抓片将矸石卸入吊桶内。

⑥ 井壁的临时支护

防止片帮措施:当井壁裸露工作面后,在出砟的同时对岩帮进行敲找,若岩帮不稳定在找帮时有大面积片落或围岩较软、断层风化带时,采用锚网临时支护,支护采用 $\phi30$ mm×1.5 m 管缝锚杆,间、排距为 0.9 m×0.9 m;网格为 50 mm×50 mm 的 $\phi4$ mm 冷拔丝网,搭接 100 mm。当岩层稳定时,将岩帮的活矸危石凿掉,不再进行临时支护。

⑦ 永久支护

钢筋绑扎:按照钢筋设计及段高提前在地面将钢筋加工好,下放到井底后按设计要求先外层后内层的顺序进行,竖筋采用直螺纹或锥螺纹连接,横筋用 20# 镀锌扎丝绑扎到竖筋上,内外层圈筋之间用箍筋连接,竖筋为 $\phi20@300$,横筋为 $\phi22@300$,箍筋为 $\phi12@600$。井壁钢筋绑扎示意图如图 11-3 所示。

脱模、立模:将检修好的油泵乘吊桶下井到工作面以上 5 m 处,油泵不出吊桶,油泵司机用牵引绳将吊筒靠近滑模,接好油路管线及接头,插销座有标记的插头接液压锁的上下插座,接上油泵的压风接头,打开压风,使用油泵手动换向阀,将滑模油缸缩到最小位,使滑模脱离原井壁,关闭压风,用手动换向阀在伸缩位置上来回搬两次,最后停在中间,油泵管路暂

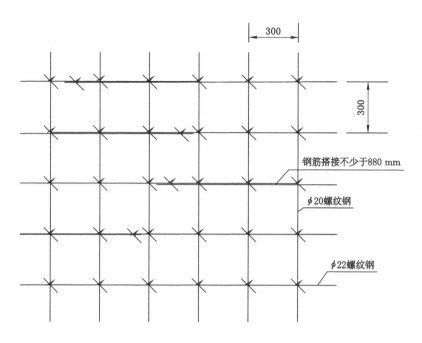

图 11-3 钢筋绑扎示意图

不拆除,工作面的全部人员集中到井筒中心位置,发出下放滑模信号,地面设专人开启 3 台悬吊滑模的稳车下落滑模,当滑模下沿距砟面 300 mm 左右停止,然后慢慢落到实底上,开启压风,油泵司机开启油泵将滑模油缸伸开到预定位置(该位置即井筒净直径的最大限位),下放测量井筒的中心线,先调平模板,之后在模板的上下沿处按井筒测量中心线分别测量模板各个方位上的 2 组数据并检验是否满足验收规范要求,此时模板已经找正,再按测量中心线检查模板上下沿处的模板尺寸。满足验收规范要求时就不再调整,做好原始测量数据记录。在模板伸缩处分上、中、下打三道木撑(防止油缸失灵,模板收缩),关上油缸闭锁开关,关闭压风,将油泵手动换向阀停在中间位置,拔下快速接头,卸下压风管及油管,将油泵随吊桶升井。

浇筑井壁混凝土:下放工作台板,在模板上口处搭设工作台。使用商品混凝土,商品混凝土到场后在井口的卸混凝土台通过溜槽直接卸入底卸式吊桶中,混凝土用底卸式吊桶送至工作面,井下打灰班人员按照一次浇筑混凝土井壁厚度的要求,对称均匀地将混凝土经滑模输料口入模,浇筑混凝土的同时由专人负责用振动棒按 300~500 mm 一个插点进行捣固,振捣至混凝土表面返浆无泡沫为止,直至浇筑完毕。

封口:采用折页封口,即先将折页板打开一个,其余全部合上,用铁锹向打开的折页板内充填混凝土浆液,该溜灰孔处灰浆饱满后关上折页板,用木楔顶紧,再打开其他未浇混凝土的折页板,按上述方法依次将接口处混凝土浇筑完成。做到混凝土井壁表面平整圆滑,不准有出台离缝现象。

正规循环作业:按上述各工序依次循环施工,每一个循环有效进尺为 4.1 m,一个循环时间一般为:素混凝土段 39 h,钢筋混凝土段 42 h。基岩段循环作业如图 11-4 所示。

(3)避灾路线

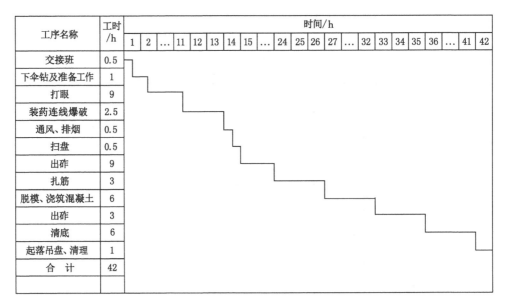

工序名称	工时/h	时间/h																	
		1	2	…	11	12	13	14	15	…	24	25	26	27	…	32	33	34	35	36	…	41	42
交接班	0.5																			
下伞钻及准备工作	1																			
打眼	9																			
装药连线爆破	2.5																			
通风、排烟	0.5																			
扫盘	0.5																			
出砟	9																			
扎筋	3																			
脱模、浇筑混凝土	6																			
出砟	3																			
清底	6																			
起落吊盘、清理	1																			
合　计	42																			

图 11-4　基岩段正规循环作业图

遇到突发事故,所有人员打开自救器按顺序乘吊桶升井。避灾路线:工作面──→井筒──→地面。井筒避灾路线如图 11-5 所示。

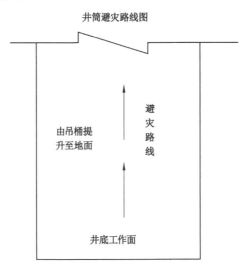

图 11-5　井筒避灾路线

11.2.2.4　施工安全注意事项

(1)表土段施工

① 表土段施工应设置临时锁口,其结构应符合封闭严密和作业安全的要求。

② 表土段施工初期,井筒内应设梯子供人员上下。井筒施工深度超过 15 m 时应设提升设备。深度超过 40 m 时应设吊盘和稳绳。

③ 表土段施工时要加强临时支护,防止片帮。

④ 在表土段施工的全过程中,应加强井口沉降观测,观测地表沉降和构筑物的变形情况,沉降严重时应采取应急措施。

⑤ 正常施工时,表土的堆积物和杂物的存放要远离井口周围(10 m 以外),防止滚入井内。

⑥ 提升和人员的上下及乘吊桶时,措施要明确规定。

⑦ 井架安装前,井口周围必须用栅栏围住,人员进入地点,必须安装栅栏门。

(2)基岩掘进过程中防止井筒坠物的安全措施

① 各层作业平台要坚固可靠,平台上下不允许有杂物。

② 每次爆破后及时清扫各层盘上及各构件上的落渣。清扫盘时,自上而下进行,扫盘工作不结束不允许下人工作。

③ 升降吊盘、接长管线等工作不得与打眼、出渣、浇筑混凝土等平行作业,并且要停止井筒内的提升。该项工作要有专人统一指挥,制定专用信号。

④ 提升吊挂系统每天必须由专职检查员进行详细检查,并做好记录。钢丝绳按规定定期做拉力和强度试验,悬吊负荷不准超过研究计算数据极限。

⑤ 不得使用抓岩机工作臂悬吊物品。

⑥ 抓岩机的悬吊部位和连接部位,每班使用前必须认真检查,发现问题及时处理,不允许"带病"工作。

⑦ 井筒中间的设施及材料如果放在各层盘口上,都必须用强度满足安全系数要求的钢丝绳拴牢在固定设施上。井筒作业人员携带工具和下放长件时都必须拴尾巴绳,尾巴绳要生根在人的腰带或固定在构件上。

⑧ 提升绞车保护必须齐全、灵敏、可靠,所有悬吊设备都必须完好。

(3)基岩掘进中钻眼、爆破安全措施

① 打眼时,工作台必须搭设牢固,工作台下方人员要躲开打眼位置 0.5 m 以外,不得使用"带伤"弯曲的钻杆,以防断钎伤人。

② 爆破员同爆炸物品入井时,在下井前,井口信号工必须同绞车司机事先联系,使绞车在下放过程中保持慢速,提升速度不得超过 1 m/s,下放爆炸物品时,除爆破员以外,其他任何人员不许同乘一罐。

③ 雷管炸药入井前,工作面的电气设备提升到离工作面 20 m 左右,期间提升信号采用工作面敲击吊桶或吹哨喊话方法通知吊盘信号工向地面发出信号,当电气设备撤离工作面后,要测定井底工作面的杂散电流不超过 30 mA 时方可下放爆炸物品。

④ 开始装药前,吊桶必须提离工作面 500 mm,装药时对各孔的电雷管脚线扭结短路,炮眼内引药及药卷装入眼底后用砂子封到孔口,沙子要填满填实。装药人员由班长指定的且有两年以上工作经验的人员担任。全部炮眼装药结束后安设木桩架设区域线后,由爆破员一人连线,先将雷管脚线扭开,与区域线扭结牢固。全部雷管脚线与区域线连接完成,检查无漏连时,工作面装药人员进入罐中,爆破员将区域线与井筒爆破母线连接,上罐升井。升井时吊盘、腰泵房等岗位人员同乘一罐升井。

⑤ 爆破员升井后(吊桶提升到二层台座在翻矸台上),撤出井口棚内及二层台上所有人员至井口 20 m 以外,爆破员、安全检查员走在最后,距井口棚入口处 20 m 以外要严格按照"警绳、警服、警牌"设警戒人员。按照"三人连锁"换牌制度换牌后,爆破员打开爆破箱,爆破母线连接电源刀闸,发出两次间隔不少于 5 s 的警号后,合上二级刀闸爆破。

⑥ 接通电源后，炸药拒爆时，爆破员必须切断电源，取下爆破母线，并扭结短路，锁上爆破箱等 15 min 后沿爆破母线检查拒爆原因。如果因为连线不良，应重新连线爆破。

⑦ 工作面处理拒爆、残爆时，严格按《煤矿安全规程》相关规定执行。

⑧ 爆破后通风 40 min，待烟吹散后指派专人清扫各层盘的落矸。其清扫范围为自封口盘开始从上到下逐渐将悬臂梁、吊盘、抓岩机、吊泵、滑模及井壁接茬等处的浮矸清扫干净。然后由爆破员、班长、检查员同乘一吊桶进入工作面检查爆破情况，当确认安全后方可通知其他人员入井。第一罐吊桶不得着地，距砟面不短于 200 mm。

（4）基岩掘进中装岩排矸安全措施

① 抓斗装岩必须配备专职抓岩司机。抓岩司机严格按操作规程进行操作。井底要设专人指挥抓斗运行路线，抓岩司机与指挥人员密切配合。

② 抓岩时井下人员要经常观察工作面岩帮情况，设专人找帮，并及时处理危岩，防止活石片帮伤人。

③ 出砟过程中发现残炮时，在残炮处不得用抓斗抓。出砟过程中对工作面未爆的雷管、炸药要收集返库。

④ 抓岩机工作期间，井底人员必须站在抓斗运行的另一侧，抓岩司机应使抓斗运行稳、投点准，并随时注意工作面所有人员的位置及状态，严禁抓斗伤人。

（5）基岩掘进中支护安全措施

① 井筒出砟高度具备立模条件时，在下放模板前设置专人观察，同时要对岩帮进行一次全面、认真敲找。找帮时工作面不准进行与找帮无关的工作。

② 下落模板时，人员要全部躲开井筒中心位置和吊桶提升位置，指派专人指挥下放滑模。

③ 搭设工作台时，在工作台上工作人员要佩带保险带，且保险带要生根牢靠。

（6）基岩掘进过程中提升运输安全措施

① 绞车司机设正、副司机 2 人，持证上岗，必须严格坚守岗位，不得脱岗、离岗。

② 每天要在深度指示器上标出井底、吊盘、井口和翻矸台位置。

③ 翻矸台上部设置过卷装置，以防提升过高时碰撞天轮平台钢梁。

④ 听清信号后才启动，速度要慢，吊桶过喇叭口和井口吊盘时减速慢行。

⑤ 信号工必须遵循"井下指挥井上、井口指挥机房"的工作原则。

⑥ 井口信号为地面总信号，负责指挥稳车、绞车升降的信号发送。因此要专人专职不得随意换人替岗。

⑦ 在吊桶内利用打击工具发信号时应在吊桶内进行。

⑧ 在更换或改变提升人（物）时应事先与绞车司机取得联系，各路信号系统必须保持完好畅通。

⑨ 所有提升悬吊钢丝绳必须有合格的试验数据方可使用。

⑩ 每天指定专人安排足够时间对提升钢丝绳进行安全检查。

11.2.2.5 施工质量要求

（1）施工过程中执行的主要规范、标准包括：

①《煤矿井巷工程施工规范》（GB 50511—2010）。

②《煤矿井巷工程质量验收规范》（GB 50213—2010）。

③《煤矿井巷工程质量检验评定标准》（MT 5009—94）。

④《煤矿安全规程》(2016 年版)。

⑤《煤矿建设安全规范》(AQ 1083—2011)。

(2) 现行标准、规范中的主要质量要求

① 井筒净半径不小于设计值,不大于设计值 50 mm。

② 井壁厚度符合设计要求,达到质量标准要求。

③ 井壁接茬密实、无杂物、无出水点。

④ 井壁混凝土强度符合设计要求,达到质量标准要求。

⑤ 井壁混凝土表面质量符合质量标准要求。

⑥ 井筒建成后的总漏水量小于 6 m³/h,井壁不得有 0.5 m³/h 以上的集中漏水孔。

小结:十矿北二进风井实际井深 1 117 m,2013 年 11 月 8 日开工,2015 年 2 月 13 日井筒与井底车场顺利贯通,并通过了竣工验收,该井平均月进度为 75 m(不含临时改绞工期,1 个月),除去过水层注浆治水工期 3 个月,揭煤工期 2 个月,井筒正常其他岩段平均月成井 85.4 m,达到或超过了原 ϕ6 m 的立井井筒施工速度,实现了大直径深立井井筒的快速施工的预期目标。

这套大型机械化立井井筒施工作业线在河南平宝煤业有限公司首山一矿新回风井井筒、平煤集团十三矿新进风井井筒施工得到了成功应用,机械化设备配套的原则是一致的,只是个别设备型号不同,其中十三矿新进风井井筒直径最大,为 8.5 m,井深 876.6 m。该井筒于 2014 年 2 月 26 日开工,2016 年 3 月 30 日完工,共计约 25 个月,除去腰泵房工期 4 天,管子道工期 3 天,双侧马头门及井底硐室工期 45 天,井筒施工工期约 23.3 个月,平均月进尺 37.6 m。若除去注浆治水和揭过煤施工工期 160 天,井筒掘砌工期为 18 个月,平均月进尺 48.7 m,实现超大直径深立井快速施工目标。

河南平宝煤业有限公司首山一矿新回风井井筒于 2012 年 10 月 19 日开工,2013 年 12 月 31 日完工,总工期为 14.3 个月,包含井筒穿平顶山砂岩富含水层工期和井筒揭过丁组、戊组等突出危险煤层工期,2013 年 4 月、5 月、6 月连续 3 个月超百米,其中 2013 年 5 月为最高月进尺,达 110 m。

11.3 井筒穿过富水含水层综合防治水施工

11.3.1 十矿北二进风井防治水施工

根据前期井筒穿富含水层综合防治水技术研究成果,确立了以工作面预注浆为主,壁后注浆为辅的综合防治水施工方法。下面以该井筒穿过平顶山砂岩富水含水层为例来说明井筒综合防治水情况。

11.3.1.1 地质资料分析

根据井检孔资料,平顶山砂岩含水层位于井深 338.3~430.4 m 处,岩层厚 92.1 m,预测最大涌水量为 200 m³/h,为井筒防治水工作的重点。该段岩层为井筒主要含水层,岩性为浅肉红色,厚及中厚层状中粗粒石英砂岩,硅质胶结,坚硬,竖直裂隙极为发育。横向裂隙不发育,岩层极具几何形状,裂隙开度小、连通性差且不均匀,出水形式以岩层大面积小裂隙涌水为主,该段裂隙分布规律性较差。

11.3.1.2 超前探水

针对平顶山砂岩孔、裂隙连通性较差而出现"探水不见水、掘进却出水"现象,在收集与分析井检孔资料及参考相邻井筒实际揭露岩层的基础上,将物探和钻探相结合,物探后进行钻探。根据探水情况,掘进过程中至少留 20 m 超前距,依次循环,同时利用钻探对物探进行验证,并且在钻探过程中做好收水工作,防止淹井。

(1)钻孔布置

从井深 318 m 位置处开始超前循环探水,钻孔布置 5 个,分别在井筒周围均匀布置 4 个,井筒中心布置 1 个;周边钻孔设计探长(探孔深度)41 m,距帮 0.5 m,外倾角为 10°,终孔控制在井帮外 6.5 m 以外;中心孔设计探长 40 m,竖直角度,每次探水钻孔施工完成后,掘进过程中至少留 20 m 超前距,依次循环至平顶山砂岩底板以下 5 m(井深 435 m)。详见钻孔布置图(图 11-6)及钻孔参数表(表 11-4)。

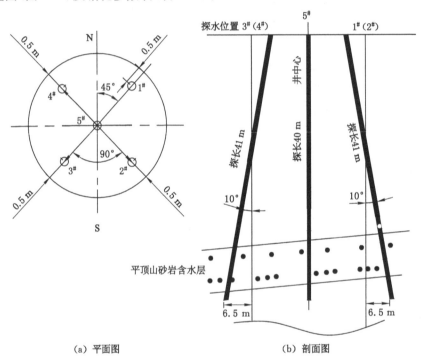

(a)平面图 　　　　　　　　　　　(b)剖面图

图 11-6　探平顶山砂岩含水层钻孔布置图

表 11-4　探平顶山砂岩含水层钻孔参数表

孔号	位置	方位	倾角	终孔孔径/mm	探长/m	打钻起始位置	备注
1	距帮 0.5 m	北偏东 45°	俯角 80°	≤75	41		终孔控制在井帮 6.5 m 以外
2	距帮 0.5 m	南偏东 45°	俯角 80°	≤75	41		终孔控制在井帮 6.5 m 以外
3	距帮 0.5 m	南偏西 45°	俯角 80°	≤75	41	井深 318 m 处	终孔控制在井帮 6.5 m 以外
4	距帮 0.5 m	北偏西 45°	俯角 80°	≤75	41		终孔控制在井帮 6.5 m 以外
5	井筒中心	0°	俯角 90°	≤75	40		

（2）探水设备选择

根据探水施工经验，在探水作业时选用 KQD100A 型潜孔钻机，钻孔直径为 90 mm，一次性推进长度为 1.0 m，转速为 90 r/min，使用岩石的坚固性系数 $f=6\sim20$，最大推力为 6 000 N，耗气量为 6 m³/min，探孔深度为 41 m，有效增加了每个循环探水的段高，减少了探水的循环次数。十矿北二进风井井筒平顶山砂岩厚度为 92.1 m，根据以往经验，探 10 m 掘 5 m 需要进行 20 个循环作业，而采用探 41 m 掘 30 m 时只需要 4 个循环即可通过平顶山砂岩，大幅度节约了施工时间。

11.3.1.3 工作面预注浆

在打钻过程中，当工作面单孔涌水量大于 5 m³/h 或综合涌水量大于 5 m³/h 时，采取工作面预注浆堵水措施。

（1）注浆设计

以第 4 次工作面预注浆为例，工作面预注浆共布置 19 个注浆孔，俯角为 84°，外圈注浆孔布置在井筒净断面轮廓线上，二圈距外圈孔 2 m，内圈距二圈孔 2 m，控制在井筒轮廓线 3 m 以外。检查孔距井筒中心对应布置，俯角为 90°，当检查孔单孔涌水量大于 1 m³/h 时，补打钻孔继续注浆补强；每个循环注 35 m，掘 30 m，预留 5 m 超前距，在井筒外围形成注浆帷幕，将水堵截在注浆帷幕圈以外。

工作面预注浆孔钻孔施工平面图见图 11-7、剖面图见图 11-8。

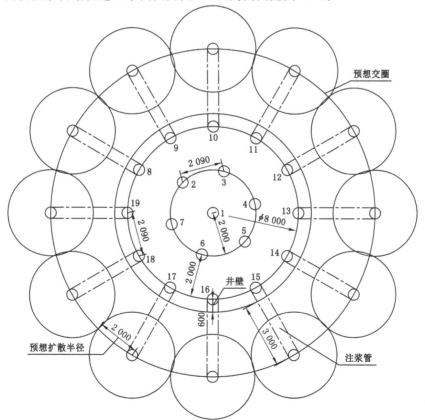

图 11-7　工作面预注浆孔布置平面图

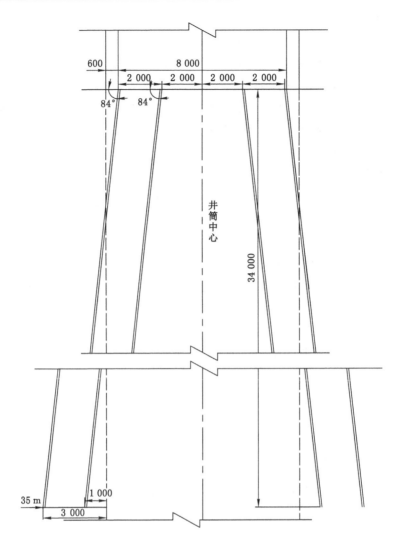

图 11-8 工作面预注浆孔布置剖面图

（2）设备选择

造孔设备采用上述探水 KQD100A 型潜孔钻机，封孔采用长度为 4 m（或 6 m）的伸缩型注浆专用封孔器。

注浆设备选用 2TGZ-90/210 型双液调速高压注浆泵和与该泵配套的 GS-700 型立式高速拌浆机，吸浆量为 90 L/min，最大注浆压力为 21 MPa，工作面注浆将注浆泵安放在井底工作面搭设的工作台上，搅拌机安置在地面井口附近，将制好的浆液利用输浆管路下到工作面料桶内进行注浆。

为确保注浆工作的安全和正常进行，地面井口附近设注浆站，地面设一个 30 m³ 的大罐（存放水玻璃），利用排水管下放水泥浆，另设一个 2 寸管下放水玻璃，并固定牢靠，减少提升拉罐次数。

（3）注浆材料

针对平顶山砂岩具有竖直裂隙极为发育、横向裂隙不发育、岩层极具几何形状、连通性

差且不均匀、出水形式以岩层大面积小裂隙涌水为主、裂隙分布规律性较差等特点,注浆材料的采用如下:

①为增大浆液的结石率,使用新鲜袋装 P·O42.5 级普通硅酸盐水泥。

②为减少浆液损失,加强堵水效果,改性液体水玻璃选用某厂生产的浓度为 38～42 °Bé、模数为 2.8～3.2 的液体水玻璃。

③工作面注浆采用预埋孔口管和伸缩型注浆专用封孔器。

④壁后注浆用 φ42 mm×5 mm 专用加长注浆塞进行注浆。

⑤加固注浆管使用水泥锚固剂或高效水不漏。

(4)注浆参数

①水泥浆液的配制:水泥浆液的水灰比为 1∶1～0.8∶1(质量比);

②水玻璃浆液的配制:壁后注浆堵水水泥浆与水玻璃浆液配合比为 1∶(0.6～0.8)(体积比);工作面帷幕注浆水泥浆与水玻璃浆液的配合比为:(1∶0.4)～0.6(体积比)。

③注浆压力:注浆压力是浆液扩散充填的动力,根据以往注浆经验,含水层工作面预注浆压力为 8～12 MPa,壁后注浆堵水压力为 4～6 MPa。

④扩散半径:浆液的扩散半径在压力不变的情况下,是随着岩石的裂隙和井壁与岩面空隙不同而不同,因岩层裂隙和井壁与岩石之间空隙的不均匀性,浆液的扩散半径有较大差异,因此,合理确定浆液的扩散半径,对节约材料、缩短工期、保证质量有重大意义。结合以前的注浆经验和选用压力,壁后注浆堵水浆液的扩散半径控制在 3 m,工作面帷幕注浆浆液控制在井筒轮廓线 5 m 以外。

⑤注浆量:注浆量对工期和工程造价具有直接影响,注浆量是根据井筒壁后及工作面注浆加固的体积、裂隙率、浆液凝固时间来确定的。在注浆不跑浆的情况下,应尽可能使井壁外空隙充填饱满,把工作面外围形成注浆帷幕,保证井筒质量,以提高注浆加固和治水效果。

(5)注浆设备布置

①工作面注浆将注浆泵安放在井底工作面搭设的工作台上,搅拌机安置在地面井口附近,将制好的浆液利用输浆管路下到工作面料桶内进行注浆。

②为确保注浆工作的安全和正常进行,地面井口附近设注浆站,地面设一个 30 m³ 的大罐(存放水玻璃),利用排水管下放水泥浆,另设一个 2 寸管下放水玻璃,并固定牢靠,减少提升拉罐次数。

③壁后注浆利用现有吊盘作为注浆平台,用厚度不小于 70 mm 的木板铺严,然后进行注浆。

④吊盘上要设压风管和水管变头,供造孔注浆时使用。

⑤注浆造孔使用井筒现有的风、水系统供注浆使用。

⑥井筒通风采用现有的通风系统,注浆段风筒要提前拆掉,便于造孔注浆。

⑦井筒内通信利用现有系统,供注浆使用。

⑧井筒内动力电缆使用现有爆破电缆,供注浆泵用。

(6)预注浆效果

在井深 322 m 处进入平顶山砂岩含水层,井深 406 m 处涌水量最大,约 66 m³/h,进行工作面预注浆后,实测井筒综合涌水量均小于 1 m³/h,取得了良好的注浆效果,为井筒快速

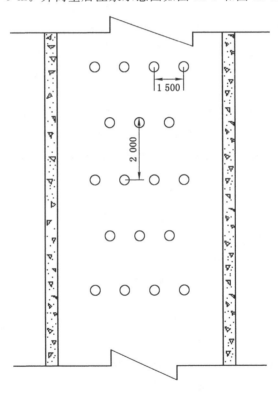

施工创造了有利条件。

11.3.1.4　壁后注浆

（1）壁厚注浆设计

井筒穿过富水含水层以后，井壁上可能会存有少量出水孔，含水岩层蓄水顺出水孔流入井筒，淋到工作面。另外，在掘进过程中，一是爆破震动会造成工作面预注浆封堵后的裂隙出现渗水现象，二是会揭露工作面预注浆没有连通的纵向裂隙出水点，随着井深的增加，淋水量逐渐增大。井筒施工到一定段高后（根据井壁出水情况，当井壁淋水量大于 10 m³/h 时）及时采用壁后注浆对井壁接茬残余涌水进行注浆封堵，从而达到施工干井的目的，同时对受爆破震动影响的围岩进行加固。

壁后注浆采用上、下行相结合进行注浆堵水的方式，针对平顶山砂岩含水层具有纵向裂隙好的特点，壁后注浆孔采用"三花孔"切线布置方式，力求每个钻孔穿越更多的纵向裂隙，从而达到注浆封堵水的效果。在封堵集中漏水点处，直接造孔，在接茬漏水处均匀上下布孔；壁后注浆孔排距为 2 m，孔距为 1～1.5 m，每排对应布置 16 个注浆孔，浅孔 1～2 m，中深孔 2～3 m，深孔 3～5 m。井筒壁后注浆示意图如图 11-9 和图 11-10 所示。

图 11-9　井筒壁后注浆剖面示意图

（2）壁后注浆效果

过平顶山砂岩后，在井深 447 m 处对其以上井壁进行壁后注浆，注浆结束后井筒综合淋水量为 2.4 m³/h。

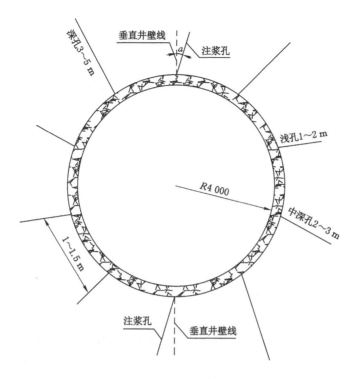

图 11-10 井筒壁后注浆平面示意图

11.3.1.5 安全注意事项

① 在注浆设备入井前,应对其防爆性能进行检查,杜绝失爆。注浆期间,不得进行与注浆无关的其他作业。

② 注浆前各悬吊钢丝绳扣必须指定专人检查,钢丝绳不得有断丝、扭结、锈蚀等现象。每次上、下注浆泵等机具时必须设有专人捆绑牢固,捆绑起吊要平稳,不得超出吊桶运行范围,入井前对悬吊方式和各连接处指定专人检查。

③ 井筒内要有足够的照明,供注浆用,吊盘上各孔隙必须用厚木板封严。

④ 注浆期间井盖门及各孔口必须盖严、封好、打扫干净,并指定专人检查,所有工具必须带尾巴绳,严防向井下坠物。

⑤ 注浆过程中如需要处理注浆泵及注浆管路时,必须先停泵,打开泄压阀,确定泄压后再进行处理。

⑥ 注浆工作中,司泵工要注意观察压力表的升压情况,注浆监护人员要注意井壁周边情况,一旦出现裂纹而出现跑、漏、冒浆,及时通知司泵工停泵进行处理。

⑦ 在注浆过程中发现异常情况时,如出现响声、井壁破裂、掉块、压力极不稳定,要立即停泵进行处理。

⑧ 注浆前要对整个管路系统做压水试验,检查管路上的接口、闸阀、管件等的耐压性能没有问题后才能注浆。

⑨ 施工现场必须风量充足,以达到施工所需要求。

⑩ 井下设专用电话,如有异常情况,及时通报。

⑪ 注浆工作结束后要立即用清水刷泵,清洗好其他注浆工具,保持设备完好。

11.3.1.6 井筒综合防治水效果

在十矿北二进风井井筒施工中,以"探、堵、引、挡、排、截、封"的综合防治水技术为主线,先后进行了 14 次工作面预注浆和 2 次壁后注浆,治水效果较好。井筒完工后,综合涌水量为 2.4 m³/h,符合《煤矿井巷工程质量验收规范》(GB 50213—2010)中对井筒涌水量的规定标准,为井筒安全、优质、快速、高效施工创造了良好的条件,主要表现在以下几个方面。

(1)提高安全性

井壁涌水量小,工作面作业环境较好,可视性好,井下作业工人警觉性高,便于安全生产。

(2)工程质量好

工作面综合涌水量较大时,改变混凝土技术参数,降低井壁混凝土的浇筑质量,造成井壁质量缺陷等问题。通过工作面预注浆和阶段性壁后注浆,该井筒综合淋水量得到了有效控制,对混凝土浇筑影响小,井壁混凝土质量佳。

(3)提高经济效益

大幅度减轻了排水压力,降低了排水电耗。井筒施工不需再设置腰泵房或悬吊月牙盘以增设窝泵接力排水,用吊桶装水即可满足排水要求,减少措施工程、悬吊设备及排水设备等的投入。

(4)施工速度快

涌水量较大时,通常排水要占用较多的时间,排水期间工作面无法进行其他作业,延长正规循环作业时间。如前所述,该井综合涌水量较小,用吊桶装水即可满足排水要求,减少了排水工序时间。

井筒穿过含水层后,井筒治水效果良好。根据以往的治水经验,在井筒后续施工中,工作面涌水量不会太大,为进一步降低井筒施工措施工程费用,决定该大直径千米深井施工排水系统不设置腰泵房接力排水,工作面涌水量采取气动隔膜泵排入吊桶,进而排出井筒。排水系统示意图如图 11-11 所示。

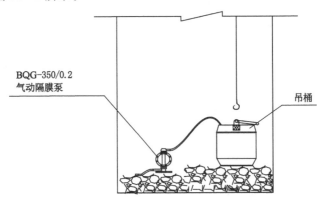

图 11-11 十矿北二进风井井筒排水系统示意图

11.3.2 十三矿新进风井井筒防治水施工

在十三矿新进风井井底马头门以上井筒施工中,严格按照防治水要求和前期研究成果进行井筒防治水工作,先后在井深 79 m、90 m、102 m、114 m、127 m、143 m、155 m、167 m、276 m、288 m、301.7 m 和 394 m 等处进行了 12 次工作面预注浆,阶段性壁后注浆共 7 次,防治水工作成效显著,实现打"干井"目标。

新进风井井底水窝设计 24 m,井窝底板距寒武系灰岩含水层距离较近,经钻探探明,井底水窝下段有一东北-西南走向正断层,提前揭露该含水层,经实测其综合涌水量为 41 m³/h,寒灰水水温为 48 ℃。探明水文地质情况后,立即关闭孔口管阀门,相关业务科室、施工队及专业注浆队共同研究讨论后决定,仍采取预注浆堵水的方法通过,如通过后出现井壁淋水,再通过壁后注浆补强,实现彻底堵水和加固井壁的目的。在对高温含水层进行工作面预注浆时发现,由于水温高,水泥-水玻璃双液浆凝结性能受到高温环境影响,高温含水层可注性较差,采用原普通含水层注浆方法无法完成对高温含水层的注浆堵水以及对断层的加固。经研究与反复实践,最终通过降低浆液水灰比、注浆工艺创新等手段完成了注浆堵水和加固断层工作。

（1）注浆材料选择

选择注浆材料时应综合考虑浆液的可注性、凝胶时间的可控性、结石体的强度和抗渗透性以及浆液的稳定性。浆液拌制常用的水泥品种是普通硅酸盐水泥和矿渣硅酸盐水泥,但是使用普通硅酸盐水泥拌制的浆液注浆时,注浆效果不明显,后改用火山灰质硅酸盐水泥,该品种水泥具有在高温潮湿环境中强度增长快、水化热较低的特点。

（2）调整注浆参数

由于该断层含水层涌水量较大,浆液拌制时降低水泥浆的水灰比。一般情况下,水泥浆液的水灰比为 1∶1～0.8∶1(质量比),现场浆液按 0.6∶1～0.5∶1 拌制。

（3）改进注浆工艺

注浆顺序是先注井筒中间的断层破碎带,使中间的破碎带具有堵水和隔水的双重功能,然后分别注其两侧的含水层。施工工艺如下:

① 检修吊泵、排水管路、腰泵房卧泵等排水系统设备,便于及时充分排水,防止淹井。

② 在探明的断层面上沿走向均匀布置 6 个注浆孔,在其两侧挖好排水泵窝。

③ 在断层两侧分别埋设 2 个孔口管,在注浆前打开,使压力水从断层两侧流出,减小断层破碎带之间的水流速度。孔口管出水量及时用吊泵排出。

④ 注入 0.5 t 左右的水玻璃。水玻璃浆液具有凝胶时间短及可注性和可控性好的特点,还能降低断层附近环境的温度。

⑤ 注入含火山灰质硅酸盐水泥的水泥-水玻璃混合浆液。由于该品种水泥具有在高温潮湿环境中强度增长快、水化热较低的特点,故适合用于该处含高温水岩层的注浆。

⑥ 中间含水层断层破碎带达到注浆效果后,分别进行其两侧含水层注浆。

通过上述注浆材料的选择并调整注浆参数,改进注浆工艺,综合涌水量得到了有效治理,并安全地进行了穿含水层施工。按照以上研究结论,专业注浆队先后在井深 857.5 m 和 867 m 处进行了 2 次高温水含水层注浆,安全穿过了该高温水寒灰含水层和破碎带,并对井底水窝穿寒灰含水层段进行了壁厚注浆堵水加固。井筒完工后,综合涌水量约为 3 m³/h,

为深立井穿富含水层及高温含水层施工提供了宝贵的经验。

11.4 经济效益分析

11.4.1 概述

大直径深立井井筒安全、优质、快速、高效综合施工技术的实质是在保证施工安全和工程质量的前提下,以科技为引领,以井筒施工经验和逐步成熟的施工技术为基础,采取普通方法与注浆法相结合的综合施工方法,利用先进的大型机械化配套设备以充分发挥其性能和配套使用的综合效益,通过科学管理来加快井筒施工速度,缩短井筒建设工期,提高经济效益,其直接效益是井筒治水等关键技术的应用所节省的费用和施工辅助费用,并且使矿井提前投产,减少贷款利息支出;间接效益是解决了与大直径深立井井筒施工机械配套的问题和井筒快速问题,丰富了施工经验,推动大直径深立井井筒建井技术的发展。比如在十矿北二进风井施工中,取得了 2017 年 7 月至 9 月连续 3 个月成井超百米的好成绩,其中,2014年 7 月最高月成井达 140 m(表 11-5)。大直径深立井井筒连续快速施工也为施工单位积累了丰富的施工经验,为企业赢得了良好的社会声誉。

表 11-5 十矿北二进风井井筒超百米纪录表

创百米时间	2014 年 7 月	2014 年 8 月	2014 年 9 月
月成井/m	140	108	102

11.4.2 经济效益计算

据不完全统计,该项目取得的经济效益在 6 968.31 万元以上。

11.4.2.1 十矿北二进风立井

通过十矿北二进风立井项目实施,该井筒总的经济效益在 6 815.91 万元以上,其中直接经济效益 5 667.61 万元,间接经济效益 1 148.3 万元。

(1)直接经济效益

该井筒直接经济效益为 5 667.61 万元(5 331.45 万元+245.66 万元+33.3 万元+57.2 万元=5 667.61 万元),计算如下:

① 该井采取冻结法施工时需冻结深度为 458.5 m,参照井筒设计类似的一矿北三进风井井筒冻结招标价 19.3 万元/m,冻结费用为 8 849.05 万元。冻结壁解冻后,在理想状态下进行壁厚水封堵单价至少为 0.9 万元/m,壁厚水封堵费用为 412.65 万元,即该井冻结段需费用 9 261.7 万元以上。该井同采取普通方法+注浆法相结合的综合施工方法施工,上段458.5 m 井筒掘砌平均单价为 6.5 万元/m,掘砌投资费用为 2 980.25 万元,注浆治水费用为 950 万元,即穿含水层段 458.5 m 井筒投资费用为 3 930.25 万元。

9 261.7 万元-3 930.25 万元=5 331.45 万元。

综上所述,方案研究实施获得直接经济效益达 5 331.45 万元以上。

② 该井筒合同工期为 30 个月,实际工期为 28.7 个月,工期缩短 1.3 个月。经核算统

计,井筒正常施工时,部分成本项目情况见表 11-6。

表 11-6　十矿北二进风立井部分成本统计表　　　　单位:万元

序号	成本项目	金额
1	设备租赁费	27.97
2	设备配件材料加工费、维修费	21.07
3	周转材料摊销费	11.01
4	人工工资及附加	88.55
5	电费	40.37
	合计	188.97

188.97 万元/月×1.3 月=245.66 万元,直接经济效益为 245.66 万元。

③ 该井揭过戊$_{10}$煤层,通过采用立井区域防突综合施工技术,煤层原始和残余瓦斯基础参数测定工作节省 14 d,提前 10 d 完成打钻任务,节省费用 33.3 万元。

④ 该井周围蓄水量在 6 万 m^3 以上,通过项目实施,实现了打"干井"的目标,与强排水法相比,节省排水电费 57.2 万元。

该井深 1 117 m,经核算,每立方米水从井底排到地面平均消耗电量 6 kW·h,电价按 0.95 元/(kW·h)计算,则排水电费为 6 万 m^3×6 (kW·h)/m^3×0.95 元/(kW·h)= 34.2 万元。另外,排水人工费按 8 万元、排水设施维修费用按 15 万元计。

(2) 间接经济效益

该井筒间接经济效益为 1 148.3 万元(335.8 万元+812.5 万元=1 148.3 万元),计算如下:

该井筒主要承担三水平二期开采的通风任务,该井筒工期的缩短,为三水平二期开采的提前投产创造了条件。三水平二期开采按年产量 150 万 t 计算,总投资约 5 亿元,工期提前 1.3 个月,可以少支付贷款利息为:

$$5×10 000×0.062/12×1.3=335.8 (万元)$$

已组煤利润按 50 元/t 计,提前投产增加的经济效益为 150 万 t/12×1.3 月×50 元/t= 812.5 万元。

11.4.2.2　首山一矿新回风立井

该井筒揭过戊组煤层工期与以往采用的消突方案对比提前 75 d 安全揭过突出煤层。据不完全计算,节省费用 92.35 万元。

(1) 设备月租赁费直接节省 74 219×2.5=18.6 (万元)。

(2) 巷道月周转材料(风筒、轨道、管子、电缆等)摊销费用为 30 647.5 元,直接节省 6.13 万元。

(3) 2 台 2×30 kW 局部通风机提前 2 个月时直接节省电费:2×(2×30)×2.5×30× 24×0.7=15.12 (万元)。

(4) 节省 75 d 人工费:75×0.7=52.5 (万元)。

11.4.2.3　十三矿新进风井井筒

十三矿东翼通风系统安全改造新进风井井筒安全封堵灰岩水向井筒内突出,井筒累计深度为 876.6 m,蓄水量为 10 万多立方米,施工过程中涌水量达到 44 m³/h,与强排水法施工相比采用该方法节省排水电费 60.05 万元,计算如下:经核算,每立方水排高 100 m 平均耗电 0.6 kW·h,故每立方水从井底排到地面平均耗电约 5.3 kW·h,电费按 0.85 元/(kW·h)计算,则 10 万 m³×5.3 (kW·h)/m³×0.85 元/(kW·h)=45.05 万元。另外,排水人工费按 5 万元计、排水设施维修费用按 10 万元计。

11.5 社会效益分析

(1)该项目采用的关键技术在河南平宝煤业有限公司首山一矿新回风井井筒、平煤集团十矿北二进风井井筒及十三矿新进风井井筒中的成功实施,为国内探索了一套复杂条件下,大直径深立井井筒的施工技术,填补了国内 8 m 及以上大直径深立井井筒综合配套施工技术的空白,丰富了建井技术,具有重要的创新意义和实践意义,其社会效益远大于其经济效益。

(2)该项目的成功应用,为平煤集团乃至全国煤炭行业的安全生产、正常接替和可持续健康发展在一定程度上提供了保证,证实了三水平深部开采和深立井建设技术的可行性。特别是该项目中"探、堵、引、挡、排、截、封"综合防治水措施和"立井疏、堵、固综合技术快速揭过突出煤层"等关键技术的成功施工,为大直径深立井建设节约了大量费用,确保揭煤施工安全,增加了投资效益。井筒掘进速度的提高,使井筒掘进辅助时间和辅助工序减少,工程提前竣工验收,提前投入运行。在工业性试验期间,顺利安全揭过突出危险性煤层,确保矿井财产安全和职工人身安全,满足了矿井高产、高效的要求。

十三矿新进风井井筒施工中采用普通双液注浆法成功封堵了灰岩高温水,2016 年 4 月到 2016 年 7 月,该井筒注浆顺利通过。该技术的应用,经济效益极为明显,与国内同类技术相比属于领先地位,特别是在今后煤炭行业建井类高温动水注浆的发展中,具有良好的推广应用价值。

(3)该项目防治水技术在各深立井工程中的应用,成功达到了隔绝水源和加固井壁的目的,为深立井复杂地质条件下注浆施工技术积累了一定的宝贵经验,增强了企业的创新精神和竞争能力,提高了企业防治水技术在建井行业中的知名度,树立了良好的企业形象,由此带来的经济效益极为明显,社会效益则更加可观。该技术在今后建井行业的发展中具有良好的推广应用价值。

(4)该项目的研究与实施,丰富了大直径深立井施工经验,提高了企业核心竞争力和建井单位在国内矿建行业中的知名度,树立了良好的社会形象。

参 考 文 献

[1]《岩土注浆理论与工程实例》协作组.岩土注浆理论与工程实例[M].北京:科学出版社,2001.

[2] 郭金敏,李永生.注浆材料及其应用[M].徐州:中国矿业大学出版社,2008.

[3] 郭晓潞,徐玲琳,吴凯.水泥基材料结构与性能[M].北京:中国建材工业出版社,2020.

[4] 国家煤矿安全监察局.煤矿防治水细则[M].北京:煤炭工业出版社,2018.

[5] 李慎刚.砂性地层渗透注浆试验及工程应用研究[D].沈阳:东北大学,2010.

[6] 梁顺文.五举煤矿白垩系立井施工涌水量预测及防治研究[D].西安:西安科技大学,2019.

[7] 刘文永,王新刚,冯春喜,等.注浆材料与施工工艺[M].北京:中国建材工业出版社,2008.

[8] 马海龙,杨敏,夏群.对基于渗透注浆理论公式的探讨[J].工业建筑,2000,30(2):47-50.

[9] 牛宇涛,张春静,杨政鹏,等.聚氨酯基有机/无机复合注浆材料的研究进展[J].化工新型材料,2018,46(3):42-44.

[10] 钱自卫.孔隙砂岩化学注浆浆液渗透扩散机理[D].徐州:中国矿业大学,2014.

[11] 王国际.注浆技术理论与实践[M].徐州:中国矿业大学出版社,2000.

[12] 薛俊华,韩昌良.大采高沿空留巷围岩分位控制对策与矿压特征分析[J].采矿与安全工程学报,2012,29(4):466-473.

[13] 杨存备,陈小国,李俊华.回风立井过强含水层预注浆关键技术研究[J].能源与环保,2020,42(3):45-48.

[14] 钟世云,袁华.聚合物在混凝土中的应用[M].北京:化学工业出版社,2003:1-6.

[15] LEE J S,BANG C S,MOK Y J,et al. Numerical and experimental analysis of penetration grouting in jointed rock masses[J]. International journal of rock mechanics and mining sciences,2000,37(7):1027-1037.

附录 平煤神马建工集团矿山建设有限公司
建井三处注浆队发展史简介

建井三处注浆队成立于 1992 年,其前身为平顶山矿务局防治水中心。2011 年中平能化建工集团有限公司技术中心注浆技术研究所落户于建井三处注浆队。

注浆队是一支以立井斜井注浆治水(工作面预注浆、壁后注浆)、巷道围岩加固注浆、注浆组合锚索、管棚注浆、煤体注浆、防突打钻、探水探煤探构造集于一体的专业化注浆防治水队伍。

注浆队现有 31 人,本科学历 6 人、大专学历 7 人、专业探放水技术人员 25 人。注浆队根据工程处的总体部署,紧紧围绕工程处的总体安排,加强安全管理体系和制度建设,突出安全生产主线,克服了施工过程中的诸多困难,继续保持安全、平稳、健康的发展态势,顺利完成了工程处下达的各项生产任务,实现了安全生产,牢固树立"质量第一、安全为天"的意识,加强工程质量管理,建立健全工程质量管理体系和标准,提高全员质量责任意识,规范施工质量行为,增强个人质量荣辱观,形成重视质量工作、保证质量安全、创新质量技术、改进质量方法、研究质量问题、克服质量通病的良好氛围。将不符合设计要求等质量顽疾作为日常管理的重点,任何一道工序都要具体到人、责任到人。

在确保内部工程顺利完成的情况下积极开拓外部市场,学习新技术,强化队伍发挥特长从而与市场接轨,努力把注浆队打造成全国注浆专业一流队伍。

附1 平顶山矿区地质简介

平顶山矿区自 1956 年开工建设起,前期一矿至十二矿矿井主址主要布置在平顶山山脉南麓,呈东西向分布,开采煤层为丁组、戊组煤层为主,埋深较浅,井筒深度一般大于 500 m。地质层状由南向北倾斜,主要含水层为表土层,赋水条件相对简单,治理难度较小。随着开采深度增加,采矿区域逐步向北延伸,进入平顶山以北区域,通风及运输条件限制了矿井的发展,各矿先后在平顶山以北区域增设副井及风井。1974 年,一矿北一进风井开工建设,随后六矿、五矿、四矿、十矿、八矿、二矿、十二矿、十一矿等先后在平顶山及其以北增设副井和风井。各矿北山工程均穿过石千峰砂岩及平顶山砂岩含水层,特别是平顶山砂岩,含水来源于山顶露头地表水,水压和水量较大。平顶山砂岩细微裂隙发育,相互之间连通性差,治理难度大,因此,在 1984 年六矿北山新风井开工后,鉴于一矿北一风井穿平顶山砂岩含水层的施工经验,平顶山矿务局基本建设处适时成立专业注浆队伍,配合建井处进行施工过程中的水害治理工作。

附2　平顶山矿区注浆工程的历史与现状

建井三处注浆队的成长史也是一部平煤集团煤炭开采从浅到深、自南向北的发展史。注浆技术的发展与建井技术、地质勘探技术的发展密不可分。

1992年,十三矿开工建设。为适应工程建设的需要,建井三处把注浆工作编入班组,并成立专业注浆队,注浆工作作为井筒施工的一道专业工序。同年,平顶山矿务局基本建设处注浆队与建井三处注浆队合并为平顶山矿务局建井三处注浆队,专业化注浆队伍正式成立。

注浆队自成立后在集团公司和工程处的带领下,一直致力于平顶山矿区矿井水害的研究与治理工作。随着平顶山矿区煤炭开采深度的增加,水害形式越趋复杂,水害治理难度也越来越大,本着学优补拙的发展理念,建井三处注浆队根据工程的不同特点,不断学习先进的注浆技术、注浆工艺及注浆理念,注浆技术日臻成熟,逐步成长成平煤集团乃至全国防治水领域不可替代的一支力量。

由于生产安全理念的差异,2000年以前,注浆治水工作局限于"出水治理"——施工期间工作面透水后进行注浆封堵,即事后治理。至2006年,在施工了六矿北山工区副井、风井井筒,十三矿主、副井井筒,十一矿北风井井筒,五矿北山工区副井等穿过平顶山砂岩的立井井筒后,建井三处总结以往的经验教训,提出了"探注结合、先注后掘、预留止浆岩帽"的平顶山砂岩治理理念,注浆队根据设备及注浆工艺特点,在实践中逐步确定了注浆段距25～30 m、掘进预留5～8 m止浆岩帽,循环注浆治水的平顶山砂岩含水层治理方法,在四矿三水平进风井、十矿新进风井井筒施工中效果显著。

在之后的几年中,建井三处在有效的管理制度激励下,注浆技术获得快速发展,并获得诸多的技术成果和发明专利和培养了一大批优秀的专业技术人才。同时,建井三处注浆队同国内多家高校及注浆材料生产单位展开技术合作,共同制作和改良了适合不同水体环境的多种注浆材料,为建井三处注浆队的发展奠定了坚实的基础。

建井三处注浆队自成立以来施工的井筒注浆治水工程主要有:六矿北山工区副井、风井井筒,十三矿主、副井井筒,十一矿北风井井筒,五矿北山工区副井、回风井井筒,四矿三水平进、回风井井筒,首山主、副井井筒,五矿己四进、回风井井筒,五矿明斜井过铁路及老巷注浆,十矿进、回风井井筒,二矿北二风井井筒,十三矿明斜井,十三矿己五风井井筒,首山主斜井,梁北二井主、副、风井井筒及二期工程,夏店副井壁后注浆,平禹二矿风井井筒,甘肃平凉五举煤矿副井井筒等。以上施工的注浆治水工程均获得了良好效果。

2011年中平能化建工集团有限公司技术中心注浆技术研究所在建井三处注浆队落户,奠定了建井三处注浆队在平煤集团防治水领域的领军地位。

附3　建井三处注浆队获得的专利与荣誉

建井三处注浆队获得的专利见附表1和附图1至附图7。

附表 1　建井三处注浆队获得的自主知识产权专利

序号	专利名称	专利号	申请时间授权时间	权利人	发明人（填写完整）	专利类型	职务/非职务	申报单位
1	伸缩型抽放封孔器	ZL20081023 1524.6	2008 年 12 月 26 日 / 2011 年 5 月 4 日	平煤建工集团有限公司	李国栋,闫昕岭,李雪峰,吕振铎,申天存,张喜迎	发明专利	职务	建井三处
2	煤矿井下平斜巷管棚预注浆超前支护施工工艺	ZL20091022 7790.6	2009 年 12 月 31 日 / 2012 年 8 月 29 日	平煤建工集团有限公司	闫昕岭,李国栋,吕振铎,郭成方,李雪峰,申天存,张自新	发明专利	职务	建井三处
3	煤矿冻结立井井筒施工用高强度变径模板	ZL20121008 1952.1	2012 年 3 月 26 日 / 2014 年 8 月 6 日	平煤神马建工集团有限公司	张付立,闫昕岭,孟力,张自新,岳振永,何明	发明专利	职务	建井三处
4	一种通过收水管对含水层内的裂隙进行注浆封堵的方法及利用其开挖立井井筒的方法	ZL20171104 8734.7	2017 年 10 月 31 日 / 2019 年 12 月 31 日	平煤神马建工集团有限公司	刘晓强,闫昕岭,梁祖军,张自新,孙鹏翔,王建峰,胡亚威,常涛,孟丽洁,刘国申,吴家林,席军伟	发明专利	职务	建井三处
5	一种用于钻探的防回水装置	ZL20192247 8252.6	2019 年 12 月 31 日 / 2020 年 9 月 22 日	平煤神马建工集团有限公司	冯忠良,朱帅锋,王静,孙鹏翔,赵俊滢,李文甫,毛瑞飞,赵园园,闫留栓,刘辉,徐兆鹏,刘杰,范金鹏,李山,胡亚斌	实用新型	职务	建井三处
6	一种立井壁后注浆治水的固定套管	ZL20212031 2215.2	2021 年 02 月 04 日 / 2021 年 10 月 22 日	平煤神马建工集团有限公司	席军伟,王小杰,杨高原,刘光毅,牛小兵,金上星,李永恒,刘毅,常海涛,张东亮,毛大鹏,林五兴,闫留栓	实用新型	职务	建井三处
7	一种突出煤层巷道两帮加固用金属骨架注浆装置	ZL20212031 2575.2	2021 年 2 月 4 日 / 2021 年 10 月 22 日	平煤神马建工集团有限公司	魏小龙,梁祖军,宋学昌,金上星,彭沛,张延年,李云龙,张超,乔能维,王德建,毛大鹏,徐兆鹏,常海涛	实用新型	职务	建井三处

证书号第 770011 号

发 明 专 利 证 书

发 明 名 称：伸缩型抽放封孔器

发 明 人：李国栋;闫昕岭;李雪峰;吕振铎;申天存;孙喜迎

专 利 号：ZL 2008 1 0231524.6

专利申请日：2008 年 12 月 26 日

专 利 权 人：平煤建工集团有限公司

授权公告日：2011 年 05 月 04 日

　　本发明经过本局依照中华人民共和国专利法进行审查，决定授予专利权，颁发本证书并在专利登记簿上予以登记。专利权自授权公告之日起生效。

　　本专利的专利权期限为二十年，自申请日起算。专利权人应当依照专利法及其实施细则规定缴纳年费。本专利的年费应当在每年 12 月 26 日前缴纳。未按照规定缴纳年费的，专利权自应当缴纳年费期满之日起终止。

　　专利证书记载专利权登记时的法律状况。专利权的转移、质押、无效、终止、恢复和专利权人的姓名或名称、国籍、地址变更等事项记载在专利登记簿上。

局长　田力普

2011 年 05 月 04 日

第 1 页 （共 1 页）

附图 1

发明专利证书

证 书 号 第 1033675 号

发 明 名 称：煤矿井下平斜巷管棚预注浆超前支护施工工艺

发 明 人：闫昕岭;李国栋;吕振铎;郭成方;李雪峰;申天存;张自新

专 利 号：ZL 2009 1 0227790.6

专利申请日：2009 年 12 月 31 日

专 利 权 人：平煤建工集团有限公司

授权公告日：2012 年 08 月 29 日

    本发明经过本局依照中华人民共和国专利法进行审查，决定授予专利权，颁发本证书并在专利登记簿上予以登记。专利权自授权公告之日起生效。

    本专利的专利权期限为二十年，自申请日起算。专利权人应当依照专利法及其实施细则规定缴纳年费。本专利的年费应当在每年 12 月 31 日前缴纳。未按照规定缴纳年费的，专利权自应当缴纳年费期满之日起终止。

    专利证书记载专利权登记时的法律状况。专利权的转移、质押、无效、终止、恢复和专利权人的姓名或名称、国籍、地址变更等事项记载在专利登记簿上。

局长 田力普

2012 年 08 月 29 日

第 1 页 (共 1 页)

附图 2

发明专利证书

证书号第1455568号

发 明 名 称：煤矿冻结立井井筒施工用高强度变径模板

发 明 人：张付立;闫昕岭;孟力;张自新;岳振永;何明

专 利 号：ZL 2012 1 0081952.1

专利申请日：2012 年 03 月 26 日

专 利 权 人：平煤神马建工集团有限公司

授权公告日：2014 年 08 月 06 日

　　本发明经过本局依照中华人民共和国专利法进行审查，决定授予专利权，颁发本证书
并在专利登记簿上予以登记。专利权自授权公告之日起生效。

　　本专利的专利权期限为二十年，自申请日起算。专利权人应当依照专利法及其实施细
则规定缴纳年费。本专利的年费应当在每年 03 月 26 日前缴纳。未按照规定缴纳年费的，
专利权自应当缴纳年费期满之日起终止。

　　专利证书记载专利权登记时的法律状况。专利权的转移、质押、无效、终止、恢复和
专利权人的姓名或名称、国籍、地址变更等事项记载在专利登记簿上。

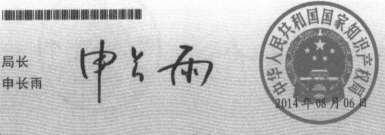

局长
申长雨

2014 年 08 月 06 日

第 1 页（共 1 页）

附图 3

发明专利证书

证书号第3648916号

发 明 名 称：一种通过收水管对含水层内的裂隙进行注浆封堵的方法及利用其开挖立井井筒的方法

发 明 人：刘晓强;闫昕岭;梁祖军;张自新;孙鹏翔;王建峰;胡亚威
常涛;孟丽洁;刘国申;吴家林;席军伟

专 利 号：ZL 2017 1 1048734.7

专利申请日：2017 年 10 月 31 日

专 利 权 人：平煤神马建工集团有限公司

地 址：467000 河南省平顶山市卫东区建设路东段南 4 号院（移动
公司办公楼西 200 米）

授权公告日：2019 年 12 月 31 日 授权公告号：CN 107558948 B

　　国家知识产权局依照中华人民共和国专利法进行审查，决定授予专利权，颁发发明专利证书并在专利登记簿上予以登记。专利权自授权公告之日起生效。专利权期限为二十年，自申请日起算。

　　专利证书记载专利权登记时的法律状况。专利权的转移、质押、无效、终止、恢复和专利权人的姓名或名称、国籍、地址变更等事项记载在专利登记簿上。

局长
申长雨

2019 年 12 月 31 日

第 1 页（共 2 页）

其他事项参见背面

附图 4

国家税务总局北京市海淀区税务局 印花税 代扣专用章 国家知识产权局

证书号第3648916号

专利权人应当依照专利法及其实施细则规定缴纳年费。本专利的年费应当在每年10月31日前缴纳。未按照规定缴纳年费的，专利权自应当缴纳年费期满之日起终止。

申请日时本专利记载的申请人、发明人信息如下：

申请人：

平煤神马建工集团有限公司

发明人：

刘晓强；闫昕岭；梁祖军；张自新；孙鹏翔；王建峰；胡亚威；常涛；孟丽洁；刘国申；吴家林；席军伟

第2页(共2页)

附图4(续)

实用新型专利证书

证书号第11538759号

实用新型名称：一种用于钻探的防回水装置

发　明　人：冯忠良；朱帅锋；王静；孙鹏翔；赵俊滢；李文甫；毛瑞飞　赵园园；闫留栓；刘辉；徐兆鹏；刘杰；范金鹏；李山；刘亚斌

专　利　号：ZL 2019 2 2478252.6

专利申请日：2019年12月31日

专利权人：平煤神马建工集团有限公司

地　　　址：467000 河南省平顶山市卫东区建设路东段南4号院（移动公司办公楼西200米）

授权公告日：2020年09月22日　　　授权公告号：CN 211549622 U

　　国家知识产权局依照中华人民共和国专利法经过初步审查，决定授予专利权，颁发实用新型专利证书并在专利登记簿上予以登记。专利权自授权公告之日起生效。专利权期限为十年，自申请日起算。

　　专利证书记载专利权登记时的法律状况。专利权的转移、质押、无效、终止、恢复和专利权人的姓名或名称、国籍、地址变更等事项记载在专利登记簿上。

局长　申长雨

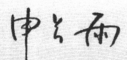

2020年09月22日

第1页(共2页)

其他事项参见背面

附图5

证书号第11538759号

国家税务总局北京市海淀区税务局 印花税 代扣专用章 国家知识产权局

专利权人应当依照专利法及其实施细则规定缴纳年费。本专利的年费应当在每年12月31日前缴纳。未按照规定缴纳年费的，专利权自应当缴纳年费期满之日起终止。

申请日时本专利记载的申请人、发明人信息如下：

申请人：

平煤神马建工集团有限公司

发明人：

冯忠良；朱帅锋；王　静；孙鹏翔；赵俊滢；李文甫；毛瑞飞；赵园园；闫留栓；刘　辉；徐兆鹏；刘　杰；范金鹏；李山；刘亚斌

第2页（共2页）

附图5(续)

证 书 号 第 14435952 号

实用新型专利证书

实用新型名称：一种立井壁后注浆治水的固定套管

发 明 人：席军伟;王小杰;杨高原;刘光毅;牛小兵;金上星;李永恒
刘毅;常海涛;张东亮;毛大鹏;林五兴;闫留栓

专 利 号：ZL 2021 2 0312215.2

专利申请日：2021 年 02 月 04 日

专 利 权 人：平煤神马建工集团有限公司

地　　　址：467000 河南省平顶山市卫东区建设路东段南 4 号院（移动
公司办公楼西 200 米）

授权公告日：2021 年 10 月 22 日　　　授权公告号：CN 214464163 U

国家知识产权局依照中华人民共和国专利法经过初步审查，决定授予专利权，颁发实用新型专利证书并在专利登记簿上予以登记。专利权自授权公告之日起生效。专利权期限为十年，自申请日起算。

专利证书记载专利权登记时的法律状况。专利权的转移、质押、无效、终止、恢复和专利权人的姓名或名称、国籍、地址变更等事项记载在专利登记簿上。

局长
申长雨

2021 年 10 月 22 日

第 1 页（共 2 页）

其他事项参见背面

附图 6

证书号第14435952号

国家税务总局北京市海淀区税务局 印花税 代扣专用章 国家知识产权局

专利权人应当依照专利法及其实施细则规定缴纳年费。本专利的年费应当在每年02月04日前缴纳。未按照规定缴纳年费的，专利权自应当缴纳年费期满之日起终止。

申请日时本专利记载的申请人、发明人信息如下：

申请人：

平煤神马建工集团有限公司

发明人：

席军伟；王小杰；杨高原；刘光毅；牛小兵；金上星；李永恒；刘毅；常海涛；张东亮；毛大鹏；林五兴；闫留栓

第 2 页 (共 2 页)

附图 6(续)

证 书 号 第 14435954 号

实用新型专利证书

实用新型名称：一种突出煤层巷道两帮加固用金属骨架注浆装置

发 明 人：魏小龙;梁祖军;宋学昌;金上星;彭沛;张延年;李云龙
张超;乔能维;王德建;毛大鹏;徐兆鹏;常海涛

专 利 号：ZL 2021 2 0312575.2

专利申请日：2021 年 02 月 04 日

专 利 权 人：平煤神马建工集团有限公司

地 址：467000 河南省平顶山市卫东区建设路东段南 4 号院（移动
公司办公楼西 200 米）

授权公告日：2021 年 10 月 22 日 授权公告号：CN 214464248 U

    国家知识产权局依照中华人民共和国专利法经过初步审查，决定授予专利权，颁发实用
新型专利证书并在专利登记簿上予以登记。专利权自授权公告之日起生效。专利权期限为十
年，自申请日起算。
    专利证书记载专利权登记时的法律状况。专利权的转移、质押、无效、终止、恢复和专
利权人的姓名或名称、国籍、地址变更等事项记载在专利登记簿上。

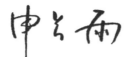

局长
申长雨

第 1 页 (共 2 页)

其他事项参见背面

附图 7

证书号第14435954号

国家税务总局北京市海淀区税务局 印花税 代扣专用章 国家知识产权局

专利权人应当依照专利法及其实施细则规定缴纳年费。本专利的年费应当在每年02月04日前缴纳。未按照规定缴纳年费的，专利权自应当缴纳年费期满之日起终止。

申请日时本专利记载的申请人、发明人信息如下：

申请人：

平煤神马建工集团有限公司

发明人：

魏小龙；梁祖军；宋学昌；金上星；彭沛；张延年；李云龙；张超；乔能维；王德建；毛大鹏；徐兆鹏；常海涛

第2页（共2页）

附图7(续)

建井三处注浆队取得的荣誉见附表 2 和附图 8 至附图 19。

附表 2　建井三处注浆队取得的荣誉

序号	获奖单位/个人	获奖时间	项目名称	荣誉名称
1	中平能化建工集团有限公司	2011 年 3 月	超长多序列管棚预注浆超前支护施工工法	2009－2010 年度煤炭行业（部级）工法
2	建工集团建井三处	2011 年 5 月	超千米立井井筒壁后注浆技术研究	2010 年度中国平煤神马集团科技进步一等奖
3	平煤神马建工集团有限公司	2014 年 3 月	巷道揭过突出煤层综合施工工法	2014 年度国家级工法
4	平煤神马建工集团有限公司	2015 年 1 月	立井疏、堵、固快速揭过突出煤层施工工法	2014—2015 年度煤炭行业（部级）工法
5	建工集团建井三处	2015 年 6 月	复杂地质条件下深井井筒施工过含水层安全关键研究与应用	2014 年度中国平煤神马集团科技进步一等奖
6	建工集团建井三处	2016 年 4 月	甘肃平凉五举煤矿副立井井筒过侏罗系白垩系厚破碎带地层的注浆技术研究与应用	2015 年度中国平煤神马集团科技进步二等奖
7	平煤神马建工集团有限公司建井三处第六项目部 QC 小组	2016 年 12 月	井筒工作面预注浆水泥水玻璃与化学浆液效果研究对比	2016 年煤炭建设行业先进 QC 小组称号
8	建工集团建井三处	2017 年 4 月	石炭系灰岩含水层高温动水注浆技术研究与应用	2016 年度中国平煤神马集团科技进步一等奖
9	建工集团建井三处	2019 年 7 月	预应力注浆锚索全长锚固支护技术研究与应用	2018 年度中国平煤神马集团科技进步二等奖
10	建工集团建井三处	2020 年 6 月	大埋深高应力深浅注浆加固联合支护技术的研究与应用	2019 年度中国平煤神马集团科技进步二等奖
11	建工集团建井三处	2020 年 6 月	新型注浆材料在全装备、大涌水、大段高立井井筒的注浆技术研究与应用	2019 年度中国平煤神马集团科技进步二等奖
12	建工集团建井三处	2022 年 6 月	注浆锚杆＋注浆锚索在大断面硐室过富含水层联合支护技术研究和应用	2021 年度中国平煤神马集团科技进步三等奖

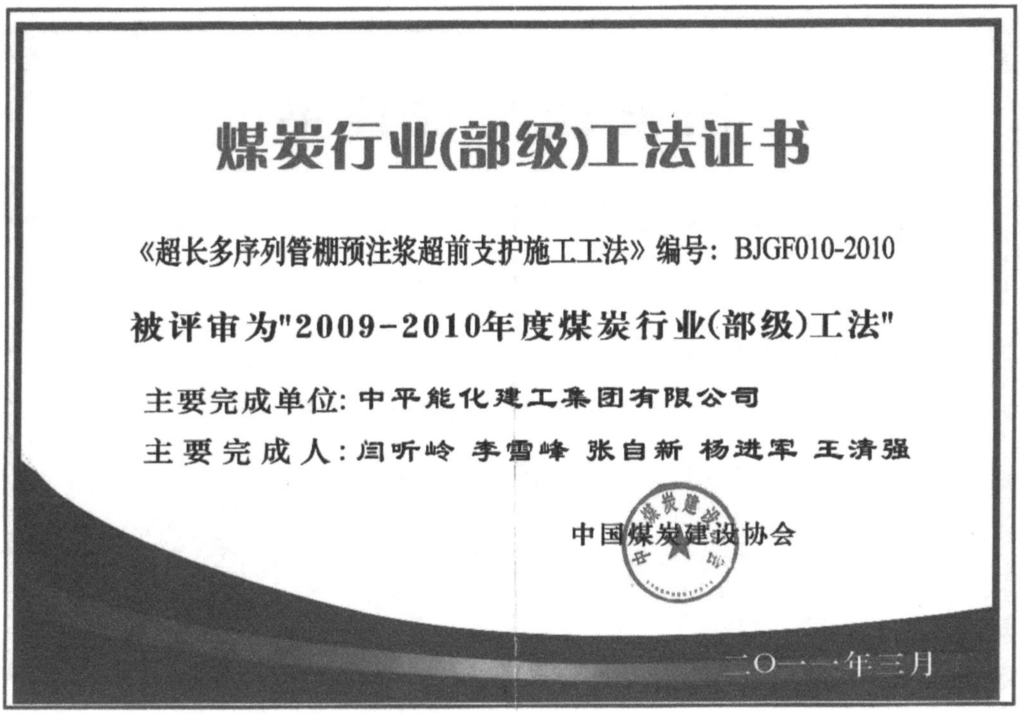

煤炭行业(部级)工法证书

《超长多序列管棚预注浆超前支护施工工法》编号：BJGF010-2010

被评审为"2009-2010年度煤炭行业(部级)工法"

主要完成单位：中平能化建工集团有限公司

主要完成人：闫听岭　李雪峰　张自新　杨进军　王清强

中国煤炭建设协会

二〇一一年三月

附图 8

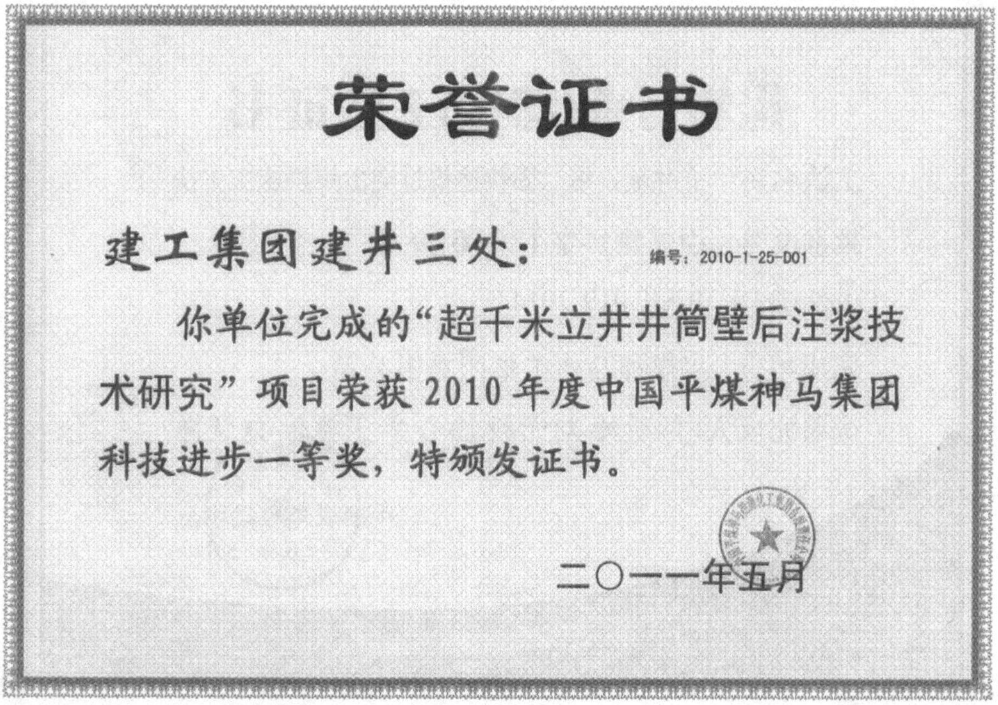

荣誉证书

建工集团建井三处：　　　　　编号：2010-1-25-D01

你单位完成的"超千米立井井筒壁后注浆技术研究"项目荣获 2010 年度中国平煤神马集团科技进步一等奖，特颁发证书。

二〇一一年五月

附图 9

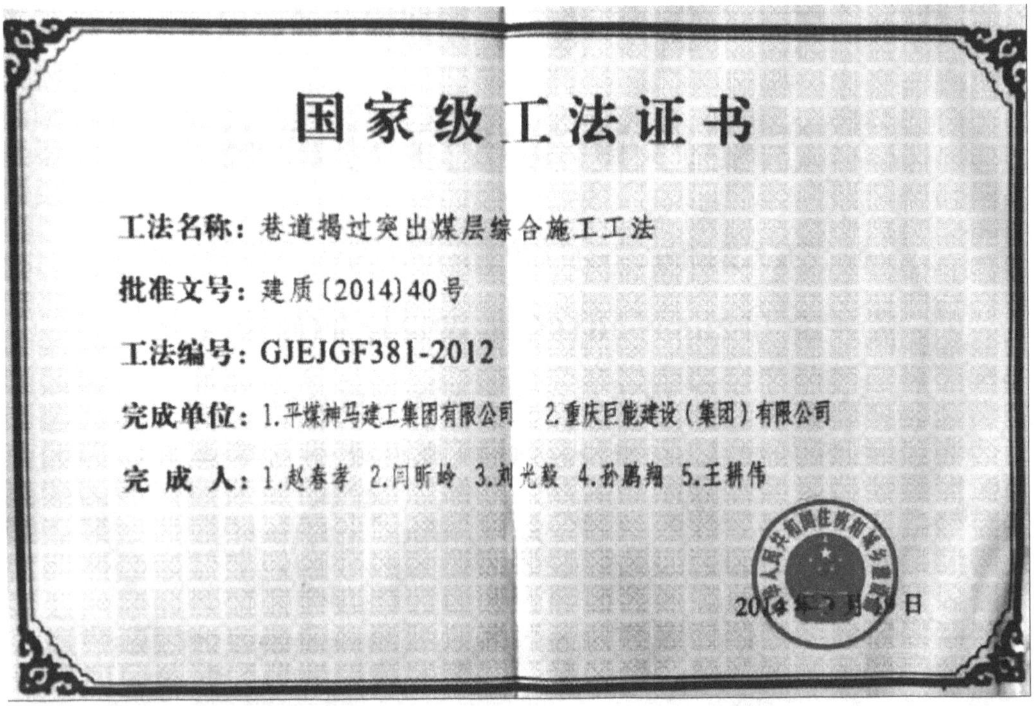

国家级工法证书

工法名称：巷道揭过突出煤层综合施工工法

批准文号：建质〔2014〕40号

工法编号：GJEJGF381-2012

完成单位：1.平煤神马建工集团有限公司 2.重庆巨能建设（集团）有限公司

完 成 人：1.赵春孝 2.闫昕岭 3.刘光毅 4.孙鹏翔 5.王耕伟

2014年7月9日

附图 10

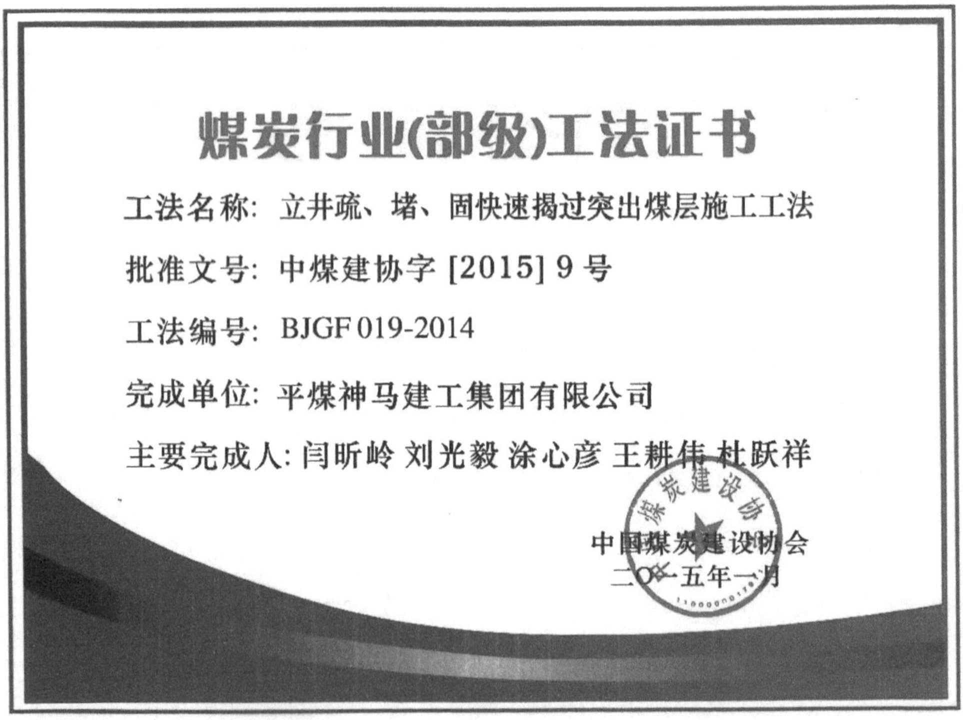

煤炭行业(部级)工法证书

工法名称：立井疏、堵、固快速揭过突出煤层施工工法

批准文号：中煤建协字 [2015] 9 号

工法编号：BJGF 019-2014

完成单位：平煤神马建工集团有限公司

主要完成人：闫昕岭 刘光毅 涂心彦 王耕伟 杜跃祥

中国煤炭建设协会

二〇一五年一月

附图 11

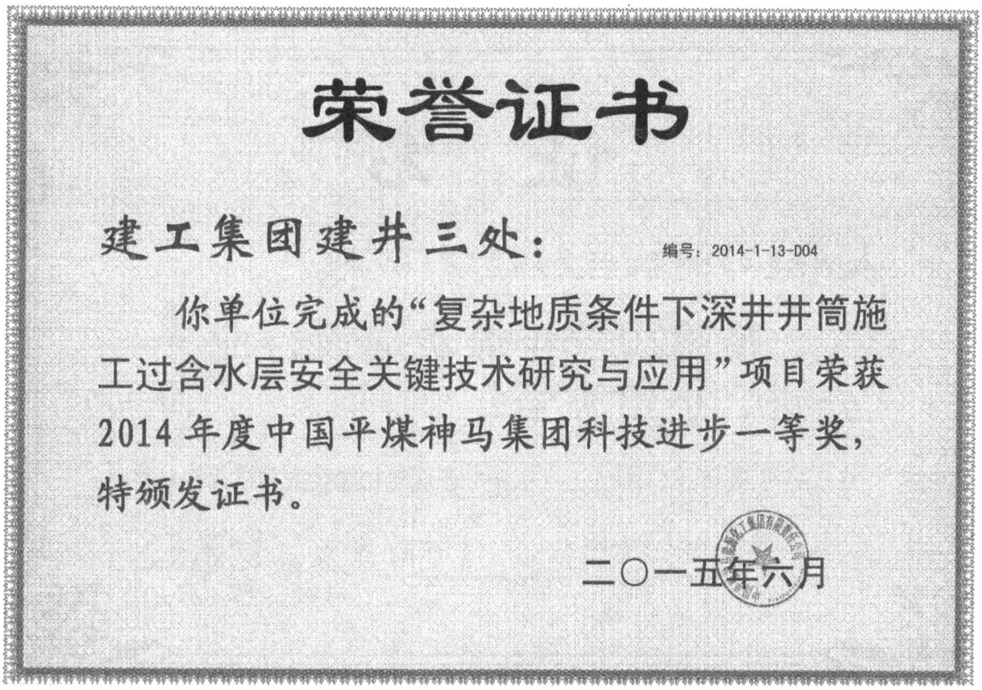

荣誉证书

建工集团建井三处：

编号：2014-1-13-D04

你单位完成的"复杂地质条件下深井井筒施工过含水层安全关键技术研究与应用"项目荣获2014年度中国平煤神马集团科技进步一等奖，特颁发证书。

二〇一五年六月

附图 12

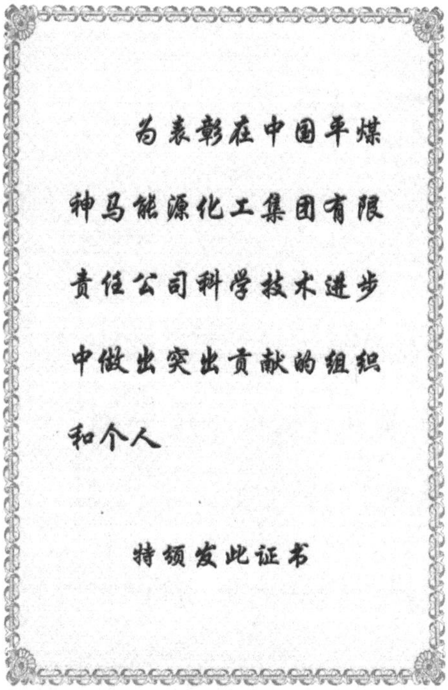

为表彰在中国平煤

神马能源化工集团有限

责任公司科学技术进步

中做出突出贡献的组织

和个人

特颁发此证书

获奖证书

获奖项目：甘肃平凉五举煤矿副立井井筒过侏罗系白垩系厚破碎带地层的注浆技术研究与应用

获奖等级：贰等

获奖者：建井三处

证书号：2015-2-41-R

颁奖单位：中国平煤神马能源化工集团有限责任公司

发证日期：二〇一六年四月

附图 13

附图 14

附图 15

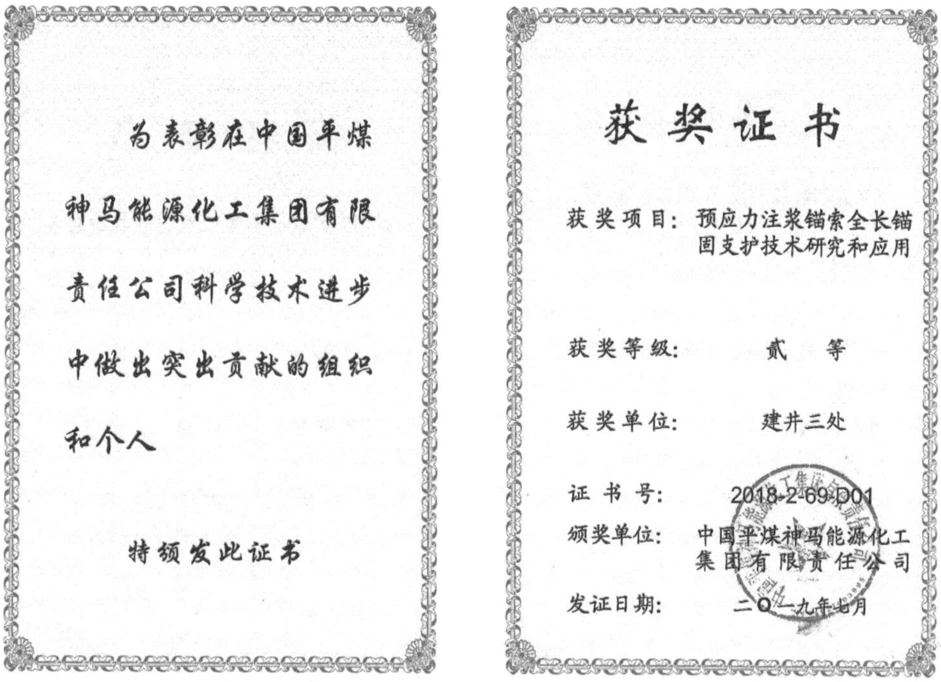

为表彰在中国平煤

神马能源化工集团有限

责任公司科学技术进步

中做出突出贡献的组织

和个人

特颁发此证书

获 奖 证 书

获奖项目：预应力注浆锚索全长锚
固支护技术研究和应用

获奖等级：　　　贰　等

获奖单位：　　建井三处

证 书 号：　2018-2-69-D01

颁奖单位：中国平煤神马能源化工
集团有限责任公司

发证日期：　二〇一九年七月

附图 16

为表彰在中国平煤

神马能源化工集团有限

责任公司科学技术进步

中做出突出贡献的组织

和个人

特颁发此证书

获 奖 证 书

获奖项目：大埋深高应力深浅注浆
加固联合支护技术的研
究与应用

获奖等级：　　　贰　等

获奖单位：　　建井三处

证 书 号：　2019-2-67-D01

颁奖单位：中国平煤神马能源化工
集团有限责任公司

发证日期：　二〇二〇年六月

附图 17

为表彰在中国平煤神马能源化工集团有限责任公司科学技术进步中做出突出贡献的组织和个人

特颁发此证书

获奖证书

获奖项目：新型注浆材料在全装备、大涌水、大段高立井井筒的注浆技术研究与应用

获奖等级：　贰　等

获奖单位：　建井三处

证书号：　2019-2-68-D01

颁奖单位：中国平煤神马能源化工集团有限责任公司

发证日期：　二〇二〇年六月

附图 18

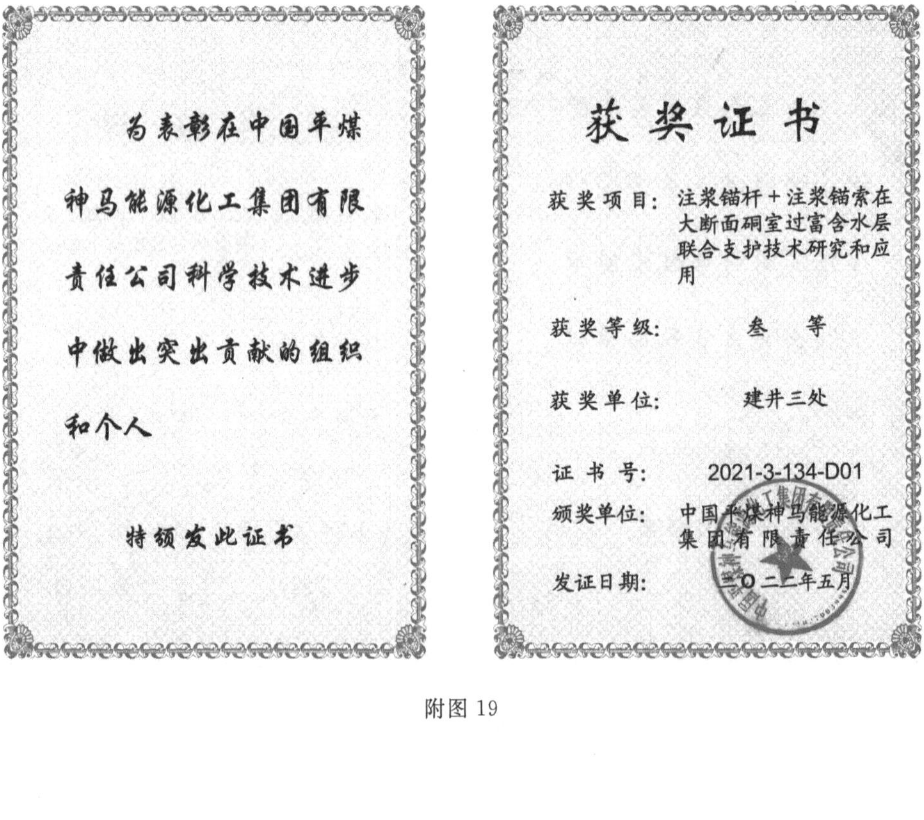

为表彰在中国平煤神马能源化工集团有限责任公司科学技术进步中做出突出贡献的组织和个人

特颁发此证书

获奖证书

获奖项目：注浆锚杆＋注浆锚索在大断面硐室过富含水层联合支护技术研究和应用

获奖等级：　叁　等

获奖单位：　建井三处

证书号：　2021-3-134-D01

颁奖单位：中国平煤神马能源化工集团有限责任公司

发证日期：　二〇二二年五月

附图 19